全国信息技术人才培养工程指定培训教材
网络信息安全工程师高级职业教育系列教程

密码学基础与安全应用

信息产业部电子教育与考试中心　组编
胡振宇　蒋建春　编著

北京邮电大学出版社
·北京·

内 容 简 介

本书是“网络信息安全工程师高级职业教育”证书认证考试人员的必备教程。本书参考和借鉴了广大网络信息安全人员的最新研究成果，吸收了网络信息安全最佳实践经验，并以作者自己在网络信息安全领域从事理论研究及技术创新的经历和体会，系统归纳总结了密码学网络安全应用所需知识和技能，同时给出了密码学网络安全应用的典型案例。本书主要内容包括密码学基础知识、对称加密算法、非对称加密算法、散列算法及其应用、数字签名、PKI 技术、SSL 、SSH 、IPSec 、PGP 加密文件系统等。

本书侧重于密码学网络安全技术应用，避免了深奥的理论证明。书中配有练习题。读者通过该书，能够快速地掌握职业所需要的密码学知识和安全技能。本书可以作为从事网络信息安全的广大技术人员和大专院校师生的参考用书，也可作为各类计算机信息技术培训和辅导教材。

图书在版编目(CIP)数据

密码学基础与安全应用/胡振宇，蒋建春编著．—北京：北京邮电大学出版社，2008

ISBN 978-7-5635-1591-2

Ⅰ．密…　Ⅱ．①胡…②蒋…　Ⅲ．①密码—理论—职业教育—教材②计算机网络—安全技术—职业教育—教材　Ⅳ．TN918.1　TP393.08

中国版本图书馆 CIP 数据核字(2008)第 050263 号

书　　名：密码学基础与安全应用

作　　者：胡振宇　蒋建春

责任编辑：崔　珞

出版发行：北京邮电大学出版社

社　　址：北京市海淀区西土城路 10 号(邮编：100876)

发 行 部：电话：010-62282185　传真：010-62283578

E-mail：publish@bupt.edu.cn

经　　销：各地新华书店

印　　刷：北京忠信诚胶印厂

开　　本：787 mm×1 092 mm　1/16

印　　张：10.75

字　　数：26 千字

印　　数：1—5 000 册

版　　次：2008 年 10 月第 1 版　2008 年 10 月第 1 次印刷

ISBN 978-7-5635-1591-2

定　价：22.00 元

序　言

当今世界,随着信息技术在经济社会各领域不断深化的应用,信息技术对生产力以至于人类文明发展的巨大作用越来越明显。党的“十七大”提出要“全面认识工业化、信息化、城镇化、市场化、国际化深入发展的新形势新任务”,“发展现代产业体系,大力推进信息化与工业化融合”,明确了信息化的发展趋势,首次鲜明地提出了信息化与工业化融合发展的崭新命题,赋予了我国信息化全新的历史使命。近年来,日新月异的信息技术呈现出新的发展趋势,信息技术与其他技术的结合更加紧密,信息技术应用的深度、广度和专业化程度不断提高。

我国的信息产业作为国民经济的支柱产业正面临着有利的国际、国内形势,电子信息产业的规模总量已进入世界大国行列。但是我们也清楚地认识到,与国际先进水平相比,我们在产业结构、核心技术、管理水平、综合效益、普及程度等方面,还存在较大差距,缺乏创新能力与核心竞争力,“大”而不强。国际国内形势的发展,要求信息产业不仅要做大,而且要做强,要从制造大国向制造强国转变,这是信息产业今后的重点工作。要实现这一转变,人才是基础。机遇难得,人才更难得,要抓住本世纪头二十年的重要战略机遇期,加快信息行业发展,关键在于培养和使用好人才资源。《中共中央、国务院关于进一步加强人才工作的决定》指出,人才问题是关系党和国家事业发展的关键问题,人才资源已成为最重要的战略资源,人才在综合国力竞争中越来越具有决定性意义。

为抓住机遇,迎接挑战,实施人才强业战略,信息产业部启动了“全国信息技术人才培养工程”。该项工程旨在通过政府政策引导,充分发挥全行业和全社会教育培训资源的作用,建立规范的信息技术教育培训体系、科学的培训课程体系、严谨的信息技术人才评测服务体系,培养造就大批行业急需的、结构合理的高素质信息技术应用型人才,以促进信息产业持续快速协调健康发展。

由各方专家依据信息产业对技术人才素质与能力的需求,在充分吸取国内外先进信息技术培训课程优点的基础上,信息产业部电子教育与考试中心精心组织编写了信息技术系列培训教材。这些教材注重提升信息技术人才分析问题和解决问题的能力,对各层次信息技术人才的培养工作具有现实的指导意义。我们谨向参与本系列教材规划、组织、编写同志们致以诚挚的感谢,并希望该系列教材在全国信息技术人才培养工作中发挥有益的作用。

信息产业部电子教育与考试中心

前　言

密码学的历史源远流长，但长期以来它只在很少的范围内（如军事、外交、情报等部门）使用，因而对一般人来说是陌生的。再加上它常常涉及晦涩的数学知识，因而它显得古老而深奥。计算机密码学是研究计算机信息加密、解密及其变换的科学，是数学和计算机的交叉学科，也是一门新兴的学科。随着互联网发展和信息技术的普及，网络和信息技术已经日渐深入到日常生活和工作当中。密码学及应用技术在一个以信息化为主要特征的时代中将发挥越来越重要的作用。

本书是“网络信息安全工程师高级职业教育（Network Security Advanced Career Education，NSACE）项目的必备教材。通过对本书的学习，读者既可以了解到密码学的基本原理和常用加密方法，又能掌握将常用的密码技术应用到实际中的最佳技巧。本书主要章节内容如下。

第1章，密码学基础知识。这一章向读者介绍密码系统的组成、密码学相关术语、密码系统的分类方法、密码系统的常见攻击类型及破译等级。同时，还介绍密码学的主要应用方向。

第2章，对称加密算法。这一章内容主要是关于DES、IDEA和AES的工作原理、实现方法以及安全性评价。除此之外，这一章还详细讲解了分组密码常用工作模式。

第3章，非对称加密算法。这一章讲解了非对称加密算法与对称加密算法区别特点。帮助读者了解RSA、ElGamal及椭圆曲线密码体制的工作原理。这一章也介绍了RSA算法的主要缺点。

第4章，散列算法及其应用。本章内容是散列算法的安全要求、散列算法的一般构造原理，并着重介绍了MD5算法和SHA-1算法的工作过程。

第5章，数字签名。介绍散列算法在消息认证方面的应用。读者可以了解数字签名的概念及其安全性要求，理解数字签名的一般过程和工作机制。了解用RSA算法、ElGamal算法以及椭圆曲线算法实现数字签名和软件版权保护的原理。

第6章，PKI技术。在这一章主要介绍了PKI技术的服务内容、PKI技术的体系结构以及PKI技术的应用。

第7章，SSL。本章内容包括SSL协议的组成部分、SSL提供的安全服务种类、SSL 的工作原理和实际应用。

第 8 章,SSH。本章内容介绍了 SSH 协议的组成部分、SSH 提供的安全服务种类、SSH 的工作原理和实际应用。

第 9 章,IPSec。本章内容是关于 IPSec 协议的组成部分、IPSec 提供的安全服务种类、IPSec 的工作原理和实际应用。

第 10 章,PGP。本章内容讲解 PGP 的安全功能及工作机制,也介绍了 PGP 的实例应用。

第 11 章,加密文件系统。主要介绍了 Windows 加密文件系统(EFS)的工作原理、适用条件以及 EFS 的使用操作。

第 12 章,密码系统的安全测试与评价。这一章主要介绍了密码系统的设计原则。读者可以了解加密系统检测的主要方面和对密码系统的评价要素。

最后,本书还包括一个附录,这是本书中涉及的加密算法的源代码。读者可以到 NSACE 网站(http://www.nsace.org.cn)上下载这些源代码,以结合相应内容进行学习。

在本书的写作与出版过程中,首先感谢卿斯汉老师、冯登国老师的指导。作者感谢参考资料作者以及网上安全论坛中的网友所提供的资料,由于篇幅受限,所用到的参考资料不能一一列举,敬请谅解。作者也要感谢网康科技有限公司首席执行官袁沈钢对 NSACE 项目热情支持。作者特别感谢盛晨媛女士和杜志海先生,在本书写作过程中给出许多宝贵指导意见,为本书的顺利出版付出了大量心血。

本书是作者在网络信息安全职业教育领域工作中的尝试,编写过程力求突出职业教育特点。由于作者水平有限,书中如果有不当之处,希望广大读者不吝赐教。

作 者

目　　录

第1章 密码学基础知识

学习目标

* 了解密码系统的组成,掌握密码学相关术语的含义。
* 了解密码系统的分类方法、密码系统的常见攻击类型及破译等级。
* 了解密码学的应用方向。

密码学以研究秘密通信为目的,即研究对传输信息采取何种变换以防止第三者对有效信息的窃取。密码学是一门古老而深奥的学科,它对一般人来说是陌生的,因为长期以来,它只在很少的范围(如军事、外交、情报等部门)内使用。计算机密码学是研究计算机信息加密、解密及其变换的科学,是数学和计算机的交叉学科,也是一门新兴的学科。随着计算机网络和计算机通信技术的发展,计算机密码学得到前所未有的重视并迅速普及和发展起来。目前,它已成为计算机安全主要的研究方向,也是计算机安全课程教学中的主要内容。

密码是隐蔽语言、文字、图像等信息的特种符号。凡是用特种符号按照通信双方约定的方法把通信内容的原形隐蔽起来,不为第三者所识别的通信方式称为密码通信。密码学主要关注的对象是加密和解密方法。加密即按某种方式将要发送的消息转换成看起来毫无意义的符号,而解密是指授权接收者可通过相应的方法将这些看起来毫无意义的符号还原成原来的信息,以获取发送者的消息内容,而非授权者从这些文字中得不到任何有用的信息。在计算机通信中,采用密码技术将信息隐蔽起来,再将隐蔽后的信息传输出去,使信息在传输过程中即使被窃取或截获,窃取者也不能了解信息的内容,从而保证信息传输的安全。

1.1 密码系统的组成

任何一个加密系统至少包括下面4个组成部分:

(1) 未加密的消息,也称明文。

(2) 加密后的消息,也称密文。

(3) 加密解密设备或算法。

(4) 加密解密的密钥。

根据加密、解密时使用的密钥是否相同,可将加密算法分为两种:对称加密算法和非对称加密算法。

1.2 密码学相关术语

1. 发送者和接收者

发送者即为消息的最初构造者,是传送消息的起始点。假设发送者想发送消息给接收者,且想安全地发送信息,亦即他想确信偷听者不能阅读发送的消息,通常要在消息被发送之前采用某种方法对消息进行加密变换,然后将加密后的密文发送出去。接收者是指一条被发送的消息的目的地。通常是授权的可以正确处理加密消息的人或设备。

2. 消息、加密和密文

消息被称为明文。用某种方法伪装消息以隐藏它的内容的过程称为加密,加了密的消息称为密文,而把密文转变为明文的过程称为解密。

在密码学领域中,明文通常用 M(Message)或 P(Plaintext)来表示。由于涉及计算机,它可能是简单的二进制数据,或是比特流(文本文件、位图、数字化的语音流或数字化的视频图像)。明文可被传送或存储,无论是哪种情况,M 指待加密的消息。

密文用 C(Ciphertext)表示,它也是二进制数据,有时和 M 一样大,有时稍大(通过压缩和加密的结合,C 有可能比 P 小些。然而,单单加密通常不能使 C 比 P 小)。加密函数 E(Encrypt)作用于 M 得到密文 C,用数学公式表示为

$$E(M)=C$$

相反地,解密函数 D(Decrypt)作用于 C 产生 M,用数学公式表示为

$$D(C)=M$$

先加密后再解密消息,原始的明文将恢复出来,等式

$$D[E(M)]=M$$

必须成立。

3. 算法和密钥

密码算法是指用于加密和解密的数学函数(通常情况下,有两个相关的函数中一个用作加密,另一个用作解密)。

如果算法的保密性是基于保持算法的秘密,这种算法称为受限制的算法。受限制的算法具有历史意义,但按现在的标准,它们的保密性已远远不够。大的或经常变换的用户组织不能使用它们,因为每有一个用户离开这个组织,其他的用户就必须改换另外不同的算法。如果有人无意暴露了这个秘密,所有人都必须改变他们的算法。

更糟的是,受限制的密码算法不可能进行质量控制或标准化。每个用户组织必须有他们自己的唯一算法。这样的组织不可能采用流行的硬件或软件产品。但窃听者却可以买到这些流行产品并学习算法,于是用户不得不自己编写算法并予以实现,如果这个组织中没有好的密码学家,那么他们就无法知道他们是否拥有安全的算法。

尽管有这些主要缺陷,受限制的算法对低密级的应用来说还是很流行的,用户或者没有认识到或者不在乎他们系统中内在的问题。

现代密码学用密钥解决了这个问题，密钥用 K(Key)表示。K 可以是很多数值里的任意值。密钥 K 的可能值的范围叫做密钥空间。加密和解密运算都使用这个密钥(即运算都依赖于密钥，并用 K 作为下标表示)，这样，加/解密函数现在变成

$$E_K(M)=C$$

$$D_K(C)=M$$

这些函数具有下面的特性：

$$D_K[E_K(M)]=M$$

有些算法使用不同的加密密钥和解密密钥，也就是说加密密钥 PK(Public Key，通常是公开的密钥)与相应的解密密钥 SK(Secret Key，通常是保密的密钥)不同，在这种情况下：

$$E_{PK}(M)=C$$

$$D_{SK}(C)=M$$

$$D_{SK}[E_{PK}(M)]=M$$

所有这些算法的安全性都基于密钥的安全性；而不是基于算法的细节的安全性。这就意味着算法可以公开，也可以被分析，可以大量生产使用算法的产品，即使偷听者知道用户的加密算法也没有关系；只要窃听者不知道用户使用的具体密钥，他就不可能获得用户消息的有效内容。

4. 协议

如果一个加密算法必须由多个(多于两个)实体共同参与才能完成，则称之为一个密码协议。协议是一组适当定义的、在多个实体间执行的一组规则。这里的必要前提是多个实体共同参与执行。如果一组规则仅由一个实体执行，则它只是一种程序，而不能称之为协议。

除了提供机密性外，密码学通常还有以下的作用：

(1) 鉴别。消息的接收者应该能够确认消息的来源；入侵者不可能伪装成他人。

(2) 完整性检验。消息的接收者应该能够验证在传送过程中消息没有被修改；入侵者不可能用假消息代替合法消息。

(3) 抗抵赖。发送者一旦发送出一个消息，事后不可能虚假地否认他曾经发送的消息。

1.3 加密算法的分类

根据加密和解密所用的密钥是否相同，可将密码算法分为对称加密算法和非对称加密算法(也称公钥加密算法)两类。

1.3.1 对称加密算法

对称加密算法有时又叫传统加密算法，就是加密密钥能够从解密密钥中推算出来，反过来也成立。在大多数对称加密算法中，加/解密密钥是相同的。这些算法也叫私钥算法或单密钥算法，它要求发送者和接收者在安全通信之前，商定一个密钥。对称加密算法的安全性依赖于密钥，泄漏密钥就意味着任何人都能对消息进行加/解密。只要通信需要保密，密钥就必须保密。

对称加密算法的加密和解密表示为

$$E_K(M)=C$$
$$D_K(C)=M$$

对称加密算法可分为两类。一次只对明文中的单个比特(有时对单个字节)运算的算法称为序列算法或序列密码,也称为流密码。另一类算法是对明文的一组比特并行运算,这些比特组称为分组,相应的算法称为分组算法或分组密码。现代计算机密码算法的典型分组长度为 64 bit,这个长度大到足以防止分析破译,但又小到足以方便使用的程度(在计算机出现前,密码算法通常每次只对明文的一个字符运算,可认为是序列密码对字符序列的运算)。

对于使用对称加密算法进行安全通信的双方来说,他们必须拥有相同的密钥而且不能让其他人知道。如果他们处在不同的物理位置,必须使用信使、加密电话或者其他的安全通信介质,防止密钥在传输过程中泄露。在消息的传输过程中,偷听或截获到密钥的任何人,就能够阅读、修改和伪造用这个密钥加密或认证的所有信息。无论采用何种算法,对称加密算法的永恒问题就是密钥的发布,也就是怎样才能使接收者得到密钥而不被其他人截获。

1.3.2 公钥加密算法

公钥加密算法可以解决密钥发布的问题,公钥的概念由 Whitfield Diffie 和 Martin Hellman 在 1975 年提出(现在有证据表明英国情报机关先于 Diffie 和 Hellman 几年发明了这种方法,但是却作为军事秘密,而且在用公钥加密算法解决密钥发布的问题没有进行实质性的工作)。

公钥加密算法是这样设计的:用作加密的密钥不同于用作解密的密钥,而且解密密钥不能根据加密密钥计算出来(至少在合理假定的长时间内)。之所以叫做公钥加密算法,是因为加密密钥能够公开,陌生者也能用加密密钥加密信息,但只有用相应的解密密钥才能解密信息。

在公钥加密算法中,用于加密的密钥称为是公钥(Public Key),是公开的。用于解密的密钥称为是私钥(Secret Key 或 Private Key),是用户保密的。想从公钥推导出私钥在计算上是不可行的。拥有公钥的人可以加密信息却不能将其解密,只有拥有对应私钥的人才能解密信息。

用公钥 PK 加密表示为

$$E_{PK}(M)=C$$

用相应的私钥 SK 解密可表示为

$$D_{SK}(C)=M$$

有时人们将消息用私钥 SK 加密而用公钥 PK 解密,以表示消息发送方对该消息的数字签名。此时,这些运算可分别表示为

$$E_{SK}(M)=C$$
$$D_{PK}(C)=M$$

一般来说,公钥密码算法的速度比对称密码算法要慢得多,这使得公钥密码算法在大数据量的加密应用中受到限制。公钥加密算法的主要优势在于可以让事先没有安全通道的通

信双方可以安全地交换信息。收、发双方通过安全通道共享密钥的前提条件不存在了。所有的通信中只包含了公钥，私钥是不会传输或共享的。

由于对称加密算法曾经是传送秘密信息的唯一手段，保持安全通道和发布密钥的高昂费用将其应用范围限制在如政府或者大银行这样少数的用户中。公钥加密算法是加密技术的革命，它可以为普通人提供强加密手段。

1.4　常见密码分析的攻击类型

对密码进行分析的尝试称为攻击(Attack)，其目的是恢复出消息明文、密钥或其他有价值的信息。密码分析也可以发现密码体制的弱点，最终得到上述结果。假定分析者知道所用的加密算法的全部知识，常见的密码分析攻击有4类。

1. 唯密文攻击(Ciphertext-only Attack)

密码分析者有一些消息的密文，这些消息都用同一加密算法和密钥加密。密码分析者的任务是尽可能多地恢复明文或推算出密钥。其形式化描述为：已知 $C_1=E_K(P_1)$，$C_2=E_K(P_2)$，…，$C_i=E_K(P_i)$，推导出 P_1，P_2，…，P_i 以及 K 或找出一个算法从 $C_{i+1}=E_K(P_{i+1})$ 推导出 P_{i+1}。

2. 已知明文攻击(Known-plaintext Attack)

密码分析者不仅可以得到一些消息的密文，而且也知道这些密文对应的明文本身。其任务是用加密信息推导出用来加密的密钥或导出一个算法，以便对用同一密钥加密的任何新密文进行解密。其形式化描述为：已知 P_1，$C_1=E_K(P_1)$，P_2，$C_2=E_K(P_2)$，…，P_i，$C_i=E_K(P_i)$，推导出密钥 K 或找出一个算法从 $C_{i+1}=E_K(P_{i+1})$ 推导出 P_{i+1}。

显然，已知明文攻击比唯密文攻击的能力更强，敌手掌握的有关该密码的信息也更多。

3. 选择明文攻击(Chosen-plaintext Attack)

密码分析者不仅可以获得若干密文及其相应的明文，而且还可以选择被加密的明文。因为明文是经过选择的，必然提供了更多的可被利用的信息，其攻击力更强。其形式化描述为：已知 P_1，$C_1=E_K(P_1)$，P_2，$C_2=E_K(P_2)$，…，P_i，$C_i=E_K(P_i)$，其中 P_i 可由密码分析者自行选择，推导出密钥 K 或找出一个算法从 $C_{i+1}=E_K(P_{i+1})$ 推导出 P_{i+1}。

4. 选择密文攻击(Chosen-ciphertext Attack)

密码分析者能自行选择不同的被加密的密文，并可得到相应的解密明文，其形式化描述为：已知 C_1，$P_1=D_K(C_1)$ ，C_2，$P_2=D_K(C_2)$，…，C_i，$P_i=D_K(C_i)$，其中 C_i 可由密码分析者自行选择，推导出密钥 K 或找出一个算法从 $C_{i+1}=E_K(P_{i+1})$ 推导出 P_{i+1}。

对于以上的选择明文攻击和选择密文攻击，还有相应的自适应性攻击。在选择明文攻击时，密码分析者还可根据前面的结果，调整自己对要加密的明文消息的选择，称为自适应性选择明文攻击(Adaptive-chosen-plantext Attack)。对于选择密文攻击，密码分析者则可根据前面的结果，调整自己对要解密的密文的选择，称为自适应性选择密文攻击(Adaptive-chosen-ciphertext Attack)。在以上的各种攻击方法中，自适应性选择密文攻击的能力最强。通常所说的选择明文攻击及选择密文攻击均指自适应性选择明文攻击及自适应性选择密文攻击。

1.5 密码算法的破译等级

如果不论攻击者(或密码分析者)有多少密文,都没有足够的信息恢复出明文,那么这个算法就是无条件保密的。事实上,只有一次一密乱码本才是真正不可破译的。所有其他的密码系统在唯密文攻击中都是可破译的,只要简单地一个接一个地去试每种可能的密钥,并且检查所得明文是否有意义,这种方法叫做蛮力攻击(Brute Force Attack)。在密码学上,实际上关心的是计算上的不可破译系统。如果一个密码算法用可以得到的资源都不能破译,则这个算法可以被认为在计算上是安全的。通常,所谓的破译有以下几种等级类别。

(1) 全部破译(Total Break)。密码分析者找出密钥 K,这样 $D_K(C)=M$。

(2) 全盘推导(Global Deduction)。密码分析者找到一个代替算法 A,在不知道密钥 K 的情况下,等价于 $D_K(C)=M$。

(3) 实例或局部推导(Instance or Local Deduction)。密码分析者从截获的密文中找到明文。

(4) 信息推导(Information Deduction)。密码分析者获得一些关于密钥或明文的有价值的信息。

1.6 本章小结

本章主要是介绍密码学这一领域的一些必要的基本概念和初步认识。学习密码学,必须了解密码系统的组成,掌握密码学相关术语的含义,了解密码系统的分类方法、密码系统的常见攻击类型及破译等级,还要了解密码学的应用方向。后续的章节将陆续介绍密码学的主要分支领域及应用场景,通过系统的学习,可逐步掌握实用的密码学知识及技能。

1.7 本章练习

一、填空题

1. 一个密码系统通常由________、________、________和________四部分组成。

2. 根据加密和解密所用的密钥是否相同,可将密码算法分为________和________两类。

3. 一个密码系统被破译的等级从难到易可分为:________、________、________和________四级。

二、简答题

1. 什么是消息、加密、密文、算法和密钥?

2. 有没有不可破译的加密算法？

3. 与对称加密算法相比，公钥加密算法的主要缺点和优势在什么地方？

4. 算法和协议的区别是什么？

三、简答题

1. 什么是唯密文攻击(Ciphertext-only Attack)？
2. 什么是已知明文攻击(Known-plaintext Attack)？
3. 什么是选择明文攻击(Chosen-plaintext Attack)？
4. 什么是选择密文攻击(Chosen-ciphertext Attack)？

第 2 章　对称加密算法

学习目标

* 了解 DES、IDEA 和 AES 的工作原理，掌握它们的实现方法。
* 掌握分组密码常用工作模式。

DES、IDEA 和 AES 是最为常见的对称加密算法，本章主要介绍这 3 种算法的工作原理和安全性评价。

2.1　DES 算法

DES 是 Data Encryption Standard(数据加密标准)的缩写。它是由 IBM 公司研制的一种加密算法，美国国家标准局于 1977 年公布把它作为非机要部门使用的数据加密标准，20 年来，它一直活跃在国际保密通信的舞台上，扮演了十分重要的角色[10]。

DES 是一个分组加密算法，它以 64 bit 为分组对数据加密。同时 DES 也是一个对称加密算法，即加密和解密用的是同一个算法。它的密钥长度是 56 bit(因为每隔 7 位有 1 位用作奇偶校验)，密钥可以是任意的 56 bit 的数，可以任意改变。其中有极少量的数被认为是弱密钥，但是很容易避开它们。DES 的安全性依赖于密钥。

2.1.1　DES 加密

DES 对 64 bit 的明文分组 M 进行操作，M 经过一个初始置换 IP 置换成 m_0，将 m_0 分成左半部分和右半部分 $m_0=(L_0,R_0)$，各 32 位长。然后进行 16 轮完全相同的运算，这些运算被称为轮函数 f，在运算过程中数据与密钥结合。经过 16 轮后，左、右半部分合在一起经过一个末置换，就完成了对数据的加密。

在每一轮中，密钥位移 1 bit 或 2 bit，然后再从密钥的 56 bit 中选出 48 bit。通过一个扩展置换将数据的右半部分扩展成 48 bit，并通过一个异或操作后，压缩成新的 32 bit 数据，再将其置换一次。这 4 步运算构成了轮函数 f。然后，通过另一个异或运算，轮函数 f 的输出与左半部分结合，其结果成为新的右半部分，原来的右半部分成为新的左半部分。整个加密过程将该操作重复 16 次，具体如图 2-1 所示。

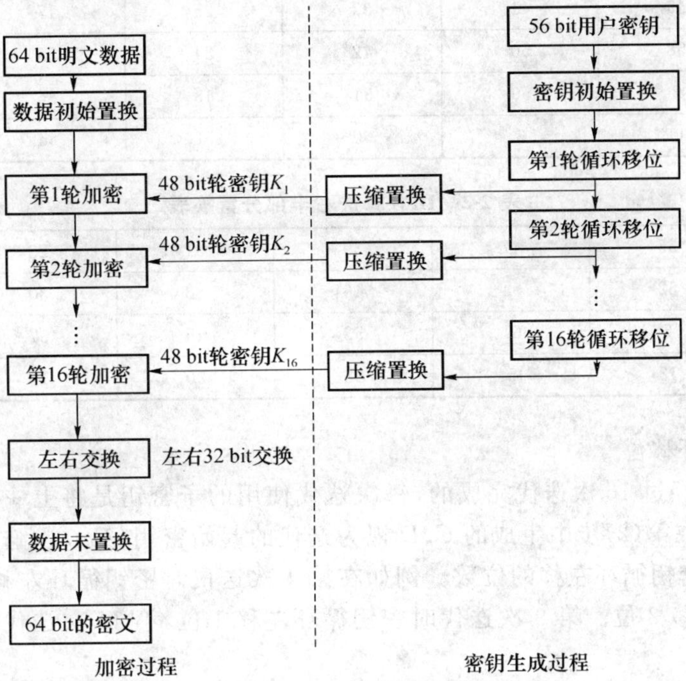

图 2-1　DES 算法框图

2.1.2　DES 解密

在经过所有的代替、置换、异或和循环之后，经过精心选择的各种操作，获得了一个非常有用的性质，即加密和解密使用相同的算法。

DES 加密和解密唯一的不同是密钥的次序相反。如果各轮加密密钥分别是 K_1，K_2，K_3，…，K_{16}，那么解密密钥就分别是 K_{16}，K_{15}，K_{14}，…，K_1。

2.1.3　DES 实现过程分析

1. 生成迭代子密钥

(1) 取得种子密钥

从用户处获得 64 bit 密钥，每隔 7 位有 1 位为校验位，为使密钥有正确的奇偶校验，每个密钥要有奇数个“1”位(本书中如未特指，均指二进制位)。除去 64 bit 密码中作为奇偶校验位的第 8、16、24、32、40、48、56、64 位，剩下的 56 bit 作为有效输入密钥。

(2) 密钥的初始置换

把在第(1)步中生成的 56 bit 输入密钥分成均等的 C、D 两部分，每部分为 28 bit，参照表 2-1 和表 2-2 把输入密钥的位值填入相应的位置。按照表 2-1 所示，C 的第一位为输入的 64 bit 密钥的第 57 位，C 的第 2 位为 64 bit 密钥的第 49 位，…，依此类推，C 的最后一位是 64 bit 密钥的第 36 位。

表 2-1　DES 算法左半部分置换表

57	49	41	33	25	17	9
1	58	50	42	34	26	18
10	2	59	51	43	35	27
19	11	3	60	52	44	36

表 2-2　DES 算法右半部分置换表

63	55	47	39	31	23	15
7	62	54	46	38	30	22
14	6	61	53	45	37	29
21	13	5	28	20	12	4

(3) 密钥循环移位

DES 算法是经过 16 次迭代完成的，每次迭代使用的子密钥是将上一轮的子密钥循环移位得到的。把在第(2)步中生成的 C、D 视为迭代的起始密钥(第 0 次迭代)，表 2-3 显示在第 i 次迭代时密钥循环左移的位数。例如在第 1 次迭代时密钥循环左移 1 位，第 3 次迭代时密钥循环左移 2 位。第 9 次迭代时密钥循环左移 1 位，第 14 次迭代时密钥循环左移 2 位。

表 2-3　DES 算法移位表

i(迭代次数)	1	2	3	4	5	6	7	8	9	10	11	12	13	14	15	16
ϕ(循环移位次数)	1	1	2	2	2	2	2	2	1	2	2	2	2	2	2	1

第 1 次迭代：$C_1=C$ 循环左移 $\phi(1)$ 位，$D_1=D$ 循环左移 $\phi(1)$ 位。

第 i 次迭代($i>1$)：$C_i=C_{i-1}$ 循环左移 $\phi(i)$ 位，$D_i=D_{i-1}$ 循环左移 $\phi(i)$ 位。

(4) 密钥的压缩选取

在第(3)步中第 i 次迭代生成的两个 28 bit 长的密钥串联合并得到 56 bit 长的密钥，然后按照下面的变换，得到 48 bit 长的第 i 次迭代加密的子密钥。变换过程如下：表 2-4 所示 K_i 的第 1 位为 56 bit 密钥的第 14 位，K_i 的第 2 位为 56 bit 密钥的第 17 位，…，依此类推，K_i 的最后一位是 56 bit 密钥的第 32 位。DES 算法的子密钥生成需要进行 16 次迭代，在完成 16 次迭代前，循环执行(1)—(4)步。最终形成 16 个加密密钥 $K_1,K_2,K_3,\cdots,K_{15},K_{16}$。子密钥生成算法的结构如图 2-2 所示。

表 2-4　DES 算法的子密钥选择表

14	17	11	24	1	5	3	28
15	6	21	10	23	19	12	4
26	8	16	7	27	20	13	2
41	52	31	37	47	55	30	40
51	45	33	48	44	49	39	56
34	53	46	42	50	36	29	32

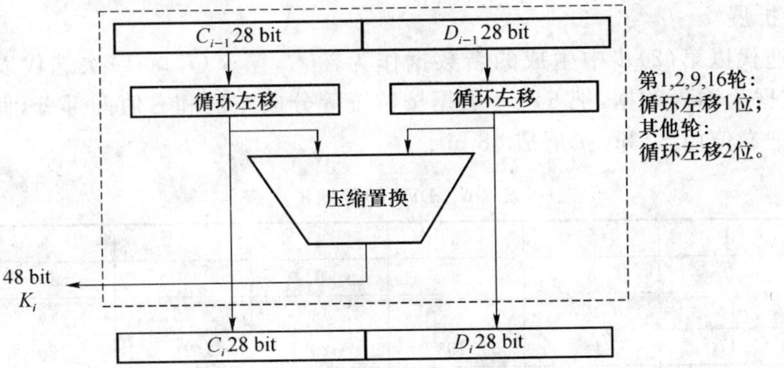

图 2-2　DES 子密钥生成算法结构图

2. 数据加密

（1）数据分组与填充

把数据分成 64 bit 的数据块，不够 64 bit 的以适当的方式填充。

（2）数据块的初始置换

按照表 2-5 所示把输入的 64 bit 数据的原第 58 位换到第 1 位，原第 50 位换到第 2 位，依此类推，最后的得到新的 64 bit 数据。

表 2-5　DES 的初始置换表

58	50	42	34	26	18	10	2
60	52	44	36	28	20	12	4
62	54	46	38	30	22	14	6
64	56	48	40	32	24	16	8
57	49	41	33	25	17	9	1
59	51	43	35	27	19	11	3
61	53	45	37	29	21	13	5
63	55	47	39	31	23	15	7

（3）数据块的迭代加密

接下来对整理好的数据块进行 16 次的迭代加密。DES 的一轮加密过程如图 2-3 所示。

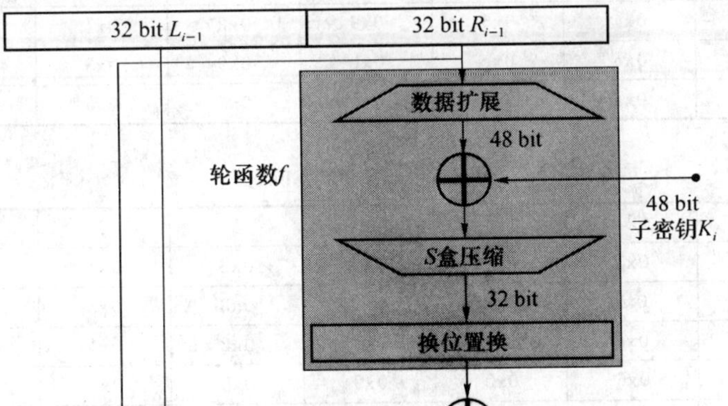

图 2-3　DES 的一轮加密过程

① 数据扩展

第1次迭代以第(2)步中生成的新数据作为输入，第 i ($i>1$)次迭代以第 $i-1$ 次的64 bit输出数据为输入数据，把64 bit数据按位置等分成左值和右值两部分，保持左值不变，根据表2-6把右值由32 bit扩展成48 bit。

表 2-6　DES的数据扩展表

32	1	2	3	4	5	4	5
6	7	8	9	8	9	10	11
12	13	12	13	14	15	16	17
16	17	18	19	20	21	20	21
22	23	24	25	24	25	26	27
28	29	28	29	30	31	32	1

② 异或加密

把扩展后的48 bit右值与第 i 次迭代生成的48 bit加密子密钥 K_i 进行按位异或操作形成一个新的48 bit的右值。

③ 数据压缩

在第②步中形成了48 bit的右值，接下来需要把这个48 bit的右值转换成32 bit的右值。为此，把右值视为由8个6位二进制块组成，亦即把所得的48位数分成8个6位数。1～6位为 $S[1]$，7～12位为 $S[2]$，…，43～48位为 $S[8]$，如表2-7至表2-14所示。然后再用 S 盒(S box)里的值替换 $S[j]$。S 盒里的值为4位数，从 $j=1$ 开始共8个 S 盒。每6位用一个4位替换，这样就完成了从48 bit向32 bit数据的压缩变换。

表 2-7　DES的Sbox 1

	1	2	3	4	5	6	7	8
1～8	0xe	0x0	0x4	0xf	0xd	0x7	0x1	0x4
9～16	0x2	0xe	0xf	0x2	0xb	0xd	0xb	0xe
17～24	0x3	0xa	0xa	0x6	0x6	0xc	0xc	0xb
25～32	0x5	0x9	0x9	0x5	0x0	0x3	0x7	0x8
33～40	0x4	0xf	0x1	0xc	0xe	0x8	0x8	0x2
41～48	0xd	0x4	0x6	0x9	0x2	0x1	0xb	0x7
49～56	0xf	0x5	0xc	0xb	0x9	0x3	0x7	0xe
57～64	0x3	0xa	0xa	0x0	0x5	0x6	0x0	0xd

表 2-8　DES的Sbox 2

	1	2	3	4	5	6	7	8
1～8	0xf	0x3	0x1	0xd	0x8	0x4	0xe	0x7
9～16	0x6	0xf	0xb	0x2	0x3	0x8	0x4	0xf
17～24	0x9	0xc	0x7	0x0	0x2	0x1	0xd	0xa
25～32	0xc	0x6	0x0	0x9	0x5	0xb	0xa	0x5
33～40	0x0	0xd	0xe	0x8	0x7	0xa	0xb	0x1
41～48	0xa	0x3	0x4	0xf	0xd	0x4	0x1	0x2
49～56	0x5	0xb	0x8	0x6	0xc	0x7	0x6	0xc
57～64	0x9	0x0	0x3	0x5	0x2	0xe	0xf	0x9

表 2-9　DES 的 Sbox 3

	1	2	3	4	5	6	7	8
1～8	0xa	0xd	0x0	0x7	0x9	0x0	0xe	0x9
9～16	0x6	0x3	0x3	0x4	0xf	0x6	0x5	0xa
17～24	0x1	0x2	0xd	0x8	0xc	0x5	0x7	0xe
25～32	0xb	0xc	0x4	0xb	0x2	0xf	0x8	0x1
33～40	0xd	0x1	0x6	0xa	0x4	0xd	0x9	0x0
41～48	0x8	0x6	0xf	0x9	0x3	0x8	0x0	0x7
49～56	0xb	0x4	0x1	0xf	0x2	0xe	0xc	0x3
57～64	0x5	0xb	0xa	0x5	0xe	0x2	0x7	0xc

表 2-10　DES 的 Sbox 4

	1	2	3	4	5	6	7	8
1～8	0x7	0xd	0xd	0x8	0xe	0xb	0x3	0x5
9～16	0x0	0x6	0x6	0xf	0x9	0x0	0xa	0x3
17～24	0x1	0x4	0x2	0x7	0x8	0x2	0x5	0xc
25～32	0xb	0x1	0xc	0xa	0x4	0xe	0xf	0x9
33～40	0xa	0x3	0x6	0xf	0x9	0x0	0x0	0x6
41～48	0xc	0xa	0xb	0xa	0x7	0xd	0xd	0x8
49～56	0xf	0x9	0x1	0x4	0x3	0x5	0xe	0xb
57～64	0x5	0xc	0x2	0x7	0x8	0x2	0x4	0xe

表 2-11　DES 的 Sbox 5

	1	2	3	4	5	6	7	8
1～8	0x2	0xe	0xc	0xb	0x4	0x2	0x1	0xc
9～16	0x7	0x4	0xa	0x7	0xb	0xd	0x6	0x1
17～24	0x8	0x5	0x5	0x0	0x3	0xf	0xf	0xa
25～32	0xd	0x3	0x0	0x9	0xe	0x8	0x9	0x6
33～40	0x4	0xb	0x2	0x8	0x1	0xc	0xb	0x7
41～48	0xa	0x1	0xd	0xe	0x7	0x2	0x8	0xd
49～56	0xf	0x6	0x9	0xf	0xc	0x0	0x5	0x9
57～64	0x6	0xa	0x3	0x4	0x0	0x5	0xe	0x3

表 2-12　DES 的 Sbox 6

	1	2	3	4	5	6	7	8
1～8	0xc	0xa	0x1	0xf	0xa	0x4	0xf	0x2
9～16	0x9	0x7	0x2	0xc	0x6	0x9	0x8	0x5
17～24	0x0	0x6	0xd	0x1	0x3	0xd	0x4	0xe
25～32	0xe	0x0	0x7	0xb	0x5	0x3	0xb	0x8
33～40	0x9	0x4	0xe	0x3	0xf	0x2	0x5	0xc
41～48	0x2	0x9	0x8	0x5	0xc	0xf	0x3	0xa
49～56	0x7	0xb	0x0	0xe	0x4	0x1	0xa	0x7
57～64	0x1	0x6	0xd	0x0	0xb	0x8	0x6	0xd

表 2-13　DES 的 Sbox 7

	1	2	3	4	5	6	7	8
1～8	0x4	0xd	0xb	0x0	0x2	0xb	0xe	0x7
9～16	0xf	0x4	0x0	0x9	0x8	0x1	0xd	0xa
17～24	0x3	0xe	0xc	0x3	0x9	0x5	0x7	0xc
25～32	0x5	0x2	0xa	0xf	0x6	0x8	0x1	0x6
33～40	0x1	0x6	0x4	0xb	0xb	0xd	0xd	0x8
41～48	0xc	0x1	0x3	0x4	0x7	0xa	0xe	0x7
49～56	0xa	0x9	0xf	0x5	0x6	0x0	0x8	0xf
57～64	0x0	0xe	0x5	0x2	0x9	0x3	0x2	0xc

表 2-14　DES 的 Sbox 8

	1	2	3	4	5	6	7	8
1～8	0xd	0x1	0x2	0xf	0x8	0xd	0x4	0x8
9～16	0x6	0xa	0xf	0x3	0xb	0x7	0x1	0x4
17～24	0xa	0xc	0x9	0x5	0x3	0x6	0xe	0xb
25～32	0x5	0x0	0x0	0xe	0xc	0x9	0x7	0x2
33～40	0x7	0x2	0xb	0x1	0x4	0xe	0x1	0x7
41～48	0x9	0x4	0xc	0xa	0xe	0x8	0x2	0xd
49～56	0x0	0xf	0x6	0xc	0xa	0x9	0xd	0x0
57～64	0xf	0x3	0x3	0x5	0x5	0x6	0x8	0xb

④ 换位置换

把第③步形成的 32 bit 右值根据表 2-15 进行转换：数据的原第 16 位换到第 1 位，原第 7 位换到第 2 位，…，依此类推，最后得到新的 32 bit 右值。

表 2-15　DES 的换位置换表

16	7	20	21	29	12	28	17
1	15	23	26	5	18	31	10
2	8	24	14	32	27	3	9
19	13	30	6	22	11	4	25

⑤ 左右交换

把右值和左值按位异或后的值赋给右值，然后将本轮输入的原始右值赋给左值。

⑥ 迭代

DES 算法需要进行 16 次迭代，在完成 16 次迭代前，把第 $i-1$ 次得到的左值和右值作为第 i 次的输入数据，重复①～⑥的步骤，但是有一点要记住：在步骤②中第 i 次迭代要选择第 i 次迭代生成的子密钥与数据进行按位异或。

(4) 数据的末置换

为保证加密和解密的对称性，DES 算法的前 15 次迭代每完成 1 次迭代都要交换左值和右值,第 16 次迭代不交换两者的数值。到此把 32 bit 的左值和右值合并成 64 bit 的数据。根据表 2-16 重新调整数据的位值:数据的原第 40 位换到第 1 位,原第 8 位换到第 2 位,…,依此类推,最后的得到新的 64 bit 数据即为密文。

表 2-16　DES 的末置换表

40	8	48	16	56	24	64	32
39	7	47	15	55	23	63	31
38	6	46	14	54	22	62	30
37	5	45	13	53	21	61	29
36	4	44	12	52	20	60	28
35	3	43	11	51	19	59	27
34	2	42	10	50	18	58	26
33	1	41	9	49	17	57	25

3. 数据解密

数据解密的算法与加密算法相同,区别在于迭代加密时,和数据进行按位异或的密钥的使用顺序不同,在加密中是按照第 i 次迭代就采用第 i 次迭代生成的密钥进行异或,而解密时第 i 次迭代就采用第 $17-i$ 次迭代生成的密钥和数据进行异或。

4. DES 的安全性

DES 算法具有极高安全性,到目前为止,除了用穷举搜索法对 DES 算法进行攻击外,还没有发现更有效的办法。

DES 的一个主要缺点是其密钥长度较短。这被认为是 DES 仅有的最严重的弱点。针对这个弱点的攻击主要是穷举测试密钥,即利用一个已知的明文和密文消息对,直到找到正确的密钥。这就是所谓的蛮力攻击(Brute Force Attack)。然而,人们通常不将蛮力攻击看成是一种真正的攻击,这是因为密码设计者不仅已经预见了它,而且希望这是敌手仅有的工具。

克服短密钥缺陷的一个办法是使用不同的密钥,多次运行 DES 算法从而达到增加密钥长度的效果。这样的一个方案称为加密—解密—加密的三重 DES 方案。这个方案中的加密记为

$$c=E_{K_1}\{D_{K_2}[E_{K_1}(m)]\}$$

解密记为

$$m=D_{K_1}\{E_{K_2}[D_{K_1}(c)]\}$$

除了能够达到扩大密钥空间的效果外,这个方案也很容易与单密钥 DES 兼容。三重 DES 也可以使用 3 个不同的密钥,但这时它不能与单密钥 DES 兼容。

从 DES 算法原理介绍中可以看出:DES 算法中只用到 64 bit 密钥中的其中 56 bit,而第 8,16,24,…,64 位 8 个位并未参与 DES 运算,这一点向用户提出了一个应用上的要求,即 DES 的安全性是基于除了 8,16,24,…,64 位外的其余 56 位的组合变化才得以保证的。因此,在实际应用中,应避免使用第 8,16,24,…,64 位作为有效数据位,而仅使用其他的56 bit 作为有效数据位,才能保证 DES 算法安全、可靠地发挥作用。如果不了解这一点,把密钥 K

的 8,16,24,…,64 位作为有效数据使用,将不能保证 DES 加密数据的安全性,对运用 DES 来达到保密作用的系统产生数据被破译的危险,这正是 DES 算法在应用上的误区,留下了被人攻击、破译的极大隐患。

2.2 IDEA 算法

2.2.1 IDEA 算法简介

IDEA 是 International Data Encryption Algorithm 的缩写,是 1990 年由瑞士联邦技术学院的中国学者莱学嘉(X. J. Lai)博士和著名的密码学家马西(Massey)联合提出的建议标准算法。莱学嘉和马西在 1992 年进行了改进,强化了抗差分分析的能力。IDEA 也是对 64 bit大小的数据块加密的分组加密算法,密钥长度为 128 bit。它基于"相异代数群上的混合运算"设计思想,算法用硬件和软件实现都很容易,且比 DES 在实现上快得多。IDEA 自问世以来,已经经历了大量的详细审查,对密码分析具有很强的抵抗能力,在多种商业产品中被使用。

2.2.2 算法框架

输入的 64 bit 数据分组被分成 4 个 16 bit 子分组:x_1,x_2,x_3 和 x_4。这 4 个子分组成为算法的第 1 轮的输入,总共有 8 轮。在每一轮中,这 4 个子分组相互相异或、相加(mod 2^{16})、相乘(mod $2^{16}+1$),且与 6 个 16 bit 子密钥相异或、相加(mod 2^{16})、相乘(mod $2^{16}+1$)。每轮迭代中的第 2 和第 3 个子分组交换。最后在输出变换中 4 个子分组与 4 个子密钥进行运算,其加密过程可用图 2-4 来表示。

在每一轮中,执行的顺序如下:

① x_1 和第 1 个子密钥相乘。

② x_2 和第 2 个子密钥相加。

③ x_3 和第 3 个子密钥相加。

④ x_4 和第 4 个子密钥相乘。

⑤ 将第①步和第③步的结果相异或。

⑥ 将第②步和第④步的结果相异或。

⑦ 将第⑤步的结果与第 5 个子密钥相乘。

⑧ 将第⑥步和第⑦步的结果相加。

⑨ 将第⑧步的结果与第 6 个子密钥相乘。

⑩ 将第⑦步和第⑨步的结果相加。

⑪ 将第①步和第⑨步的结果相异或。

⑫ 将第③步和第⑨步的结果相异或。

⑬ 将第②步和第⑩步的结果相异或。

⑭ 将第④步和第⑩步的结果相异或。

每一轮的输出是第⑪、⑫、⑬和⑭步的结果形成的 4 个子分组。将中间两个分组相交换(最后一轮除外)后,即为下一轮的输入。

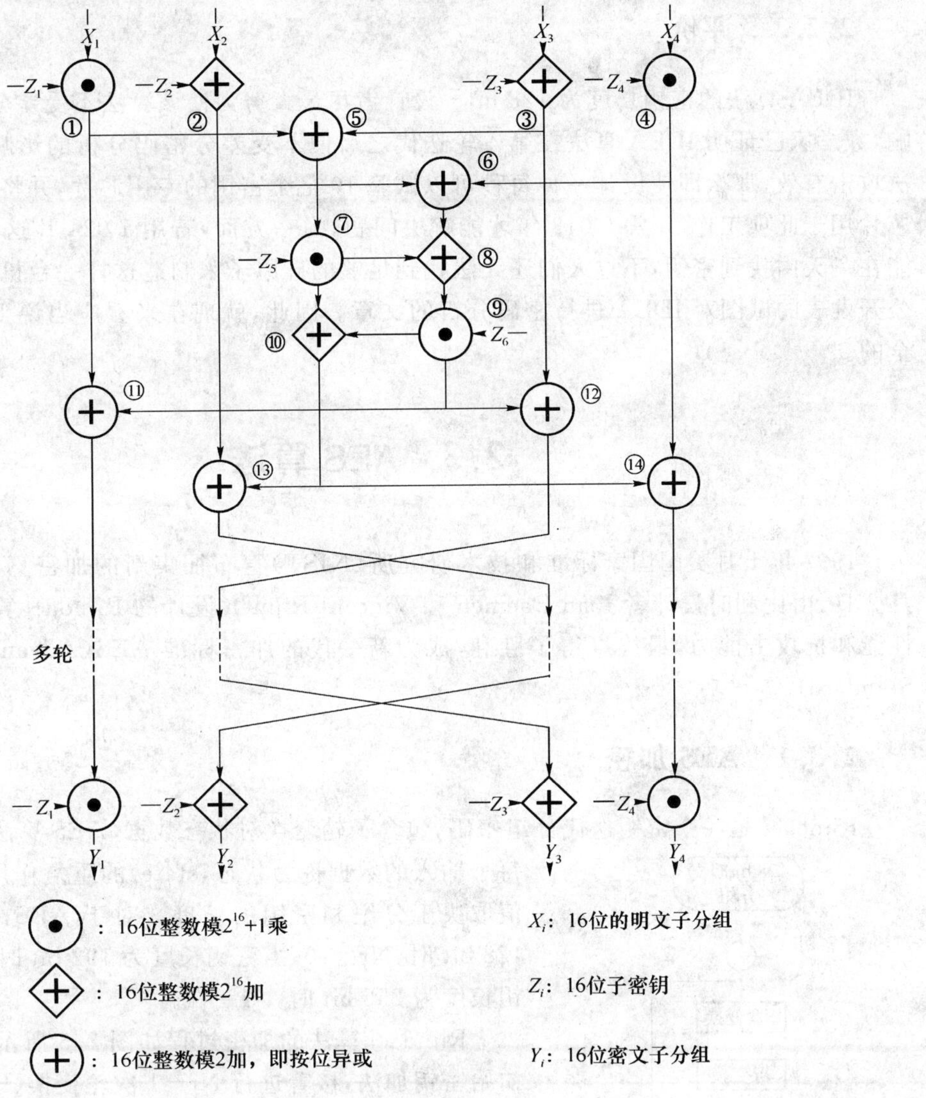

图 2-4 IEDA 的加密过程

经过 8 轮运算之后,有一个最终的输出变换:

① x_1 和第 1 个子密钥相乘;

② x_2 和第 2 个子密钥相加;

③ x_3 和第 3 个子密钥相加;

④ x_4 和第 4 个子密钥相乘。

最后,这 4 个子分组重新连接到一起产生密文。

产生子密钥也很容易。这个算法用了 52 个子密钥(8 轮中的每一轮需要 6 个,其他 4 个用于输出变换)。首先,将 128 bit 密钥分成 8 个 16 bit 子密钥。这些是算法的第 1 批 8 个子密钥(第 1 轮 6 个,第 2 轮的头两个)。然后,密钥向左环移 x 位后再分成 8 个子密钥。开始 4 个用在第 2 轮，后面 4 个用在第 3 轮。密钥再次向左环移 25 bit 产生另外 8 个子密钥，如此进行直到算法结束。

2.2.3 评价

IDEA 算法的密钥长度为 128 bit。设计者尽最大努力使该算法不受差分密码分析的影响，数学家已证明 IDEA 算法在第 4 轮迭代之后便不受差分密码分析的影响了。假定穷举法攻击有效，那么即使设计一种每秒可以试验 10 亿个密钥的专用芯片，并将 10 亿片这样的芯片用于此项工作，仍需 1 013 年才能解决问题；另一方面，若用 1 024 片这样的芯片，有可能在一天内找到密钥，不过人们还无法找到足够的硅原子来制造这样一台机器。目前，尚无公开发表的试图对 IDEA 进行密码分析的文章。因此，就现在来看应当说 IDEA 是非常安全的。

2.3 AES 算法

1997 年 1 月美国国家标准和技术研究所（NIST）宣布征集新的加密算法。2000 年 10 月 2 日，由比利时设计者 Joan Daemen 和 Vincent Rijmen 设计的 Rijndael 算法以其优秀的性能和抗攻击能力，最终赢得了胜利，成为新一代的加密标准 AES（Advanced Encryption Standard）。

2.3.1 AES 加密

Rijndael 是一个密钥迭代分组密码，包含了轮变换对状态数据（AES 算法的轮变换中将每个输入的数据称为状态，state）的重复作用。轮数 Nr 的值取决于分组和密钥的长度。对于 AES，当密钥长度为 128 bit 时，Nr＝10；当密钥长度为 192 bit 时，Nr＝12；当密钥长度为 256 bit 时，Nr＝14。

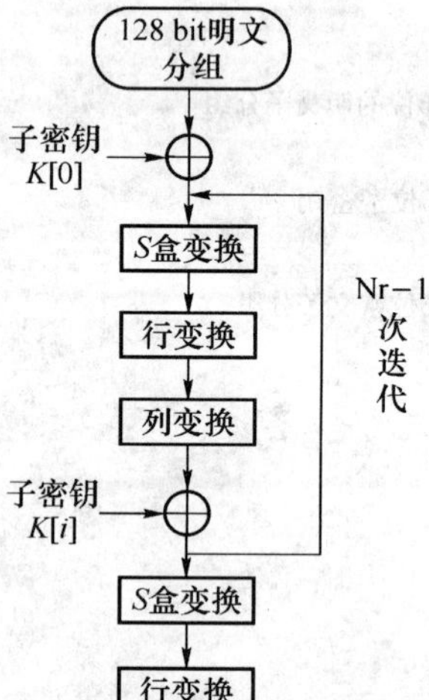

图 2-5　AES 的工作原理

Rijndael 算法的加密过程如图 2-5 所示。它包括一个初始密钥加法，接着进行 Nr－1 次轮变换（Round），最后再使用一个轮变换（FinalRound）。

轮变换由 4 个步骤组成：*S* 盒字节变换（SubBytes），行移位变换（ShiftRows），列混合变换（MixColumns）和轮密钥加法（AddRoundKey）。最后一轮与前 Nr－1 次轮变换稍有不同，省掉了其中的列混合变换（MixColumns）步骤。

S 盒字节变换（SubBytes）是 Rijndael 算法中唯一的非线性变换。该变换是作用在输入数据中每个字节上的一种非线性字节转换，可以通过计算出来的 *S* 盒进行这种变换。

行移位变换（ShiftRows）是一个字节换位，它将输入数据中的行按照不同的偏移量进行循环移位。使第 i ($i=0,1,2,3$)行元素循环右移 $4-i$ 个位置。

列混合变换(MixColumns)是作用在输入数据各列的置换算法。在列混合变换中,把从行移位变换(ShiftRows)输出得到的数据中的每一列看作 $GF(2^8)$上的多项式 $a(x)$,然后与固定多项式 $c(x)$相乘,结果是

$$b(x)=c(x) * a(x)$$

其系数这样计算:* 运算不是普通的乘法运算,而是特殊的运算,即

$$b(x)=c(x)a(x)(\bmod x^4+1)$$

这里固定的多项式 $c(x)$是

$$c(x)=(03)_{16}x^3+(01)_{16}x^2+(01)_{16}x+(02)_{16}$$

$c(x)$的系数也是 $GF(2^8)$中的元素(以十六进制表示字节或域元素)。

轮密钥加法(AddRoundKey)将状态与一个轮密钥进行异或。轮密钥是由用户密钥通过密钥编排方案导出。轮密钥的长度等于分组的长度。

2.3.2　AES 解密

Rijndael 加密的每一步都是可逆的,因此解密仅仅是在相反方向上反演加密。即直接利用步骤 SubBytes,ShiftRows,MixColumns 和 AddRoundKey 的逆并倒置其次序对数据进行解密。

2.4　分组密码的工作模式

分组密码的特征是每次处理一个固定长度的数据组(或块)(如 DES 每次处理的数据组的长度为 64 bit)。当加密一条长消息时,首先要将其分成若干个固定长度的组(最后一组长度不够时还得进行填充,如补 0),然后再逐个分组依次处理。

利用基本的分组密码算法处理长消息的工作方式,称为分组密码的工作模式。通常有以下 5 种工作模式:

① 电码本(ECB)模式;

② 密码分组链(CBC)模式;

③ 密码反馈(CFB)模式;

④ 输出反馈(OFB)模式;

⑤ 计数器(CTR)模式。

下面用 $E_K(X)$表示在密钥 K 作用下加密算法对明文块 X 的加密运算。$E_K^{-1}(Y)$表示在密钥 K 作用下解密算法对密文块 Y 的解密运算。

在描述工作模式时,用 n 表示基本的分组密码算法所能处理的一个分组(块)的二进制长度,$P_1,\cdots,P_m$表示明文的 m 个连续分组。其中第 m 组的长度可能会小于其他分组的长度 n,此时要对第 m 组进行填充,使其与其他分组等长。类似地,用 $C_1,\cdots,C_m$ 表示从运行模式输出的密文消息的 m 个连续分组。

2.4.1 电码本模式

电码本(Electronic Code Book，ECB)模式是使用分组密码最明显的方式。加密(或解密)一个长消息的最直接方式就是将它们分成小块，然后逐个分别加密(或解密)。在这种情况下，类似于在电报密码本中指定码字，因此被称为电码本模式(ECB)，其工作方式如下：

ECB 加密：$C_i=E_K(P_i), i=1,2,\cdots,m$；

ECB 解密：$P_i=E_K(C_i), i=1,2,\cdots,m$；

ECB 模式的优点是可并行运算，速度快，易于标准化。缺点是分组加密不能隐蔽数据的结构模式，即相同的明文组蕴含着相同的密文组，不能抵抗组的重放、嵌入、删除等攻击，加密长度只能是分组的倍数。在大多数应用中不要使用 ECB 模式。

2.4.2 密码分组链模式

密码分组链(Cipher Block Chaining，CBC)模式是用于一般数据加密的一个常用的分组密码模式。使用 CBC 模式，输出是比特分组的一个序列，这些密码分组链接在一起使得每个密文分组不仅依赖于所对应的明文分组，而且依赖于所有以前的数据分组。其工作方式如下。

CBC 加密：$C_i=E_K(P_i\oplus C_{i-1}), i=1,2,\cdots,m$；

CBC 解密：$P_i=E_K(C_i)\oplus C_{i-1}, i=1,2,\cdots,m$；

第 1 个密文分组 C_1 的计算需要一个特殊的输入分组 C_0，称之为初始向量(Initial Vector,IV)。C_0 是一个 n bit 的分组，每次会话加密时都要使用一个新的 C_0，由于可以看作是密文，因此无须保密，但一定要是不可预知的。由于 C_0 的随机性，加密结果的第 1 个密文分组 C_1 也被随机化，同样，其后的各个分组依次被随机化。因此，CBC 模式输出的是随机的密文。

CBC 模式的优点是引入了随机的初始向量 C_0，使输出密文具有一定的随机性，避免了 ECB 模式的缺点，另外，由于每块明文的加密都依赖其他前面的密文结果，它隐蔽了明文数据的结构模式，在一定程度上能防止数据篡改。缺点是出现错误传播，亦即一旦计算过程中出现错误，则其后的所有处理都会受到影响。

2.4.3 密码反馈模式

密码反馈(Cipher-FeedBack,CFB)模式实际上是将分组密码作为一个密钥流生成器。其工作过程如下：

CFB 加密：$C_i=P_i\oplus E_K(C_{i-1}), i=1,2,\cdots,m$；

CFB 解密：$P_i=C_i\oplus E_K(C_{i-1}), i=1,2,\cdots,m$；

其中，C_0 为初始向量，就像在 CBC 模式中使用的初始向量一样，它不需要保密。

CFB 模式的主要优点是具有自同步能力(加密或解密中的错误仅对其后的处理产生有限的影响，经过一段时间的继续工作，系统后会自动恢复正常)，可以处理任意长度的消息，同时具有 CBC 模式的优点。

2.4.4 输出反馈模式

输出反馈(Output-FeedBack, OFB)模式是将分组密码作为同步序列密码运行的一种方法。其工作方法如下：

OFB 加密：$O_i=E_K(O_{i-1}), C_i=P_i\oplus O_i, i=1,2,\cdots,m$；

OFB 解密：$O_i=E_K(O_{i-1}), P_i=C_i\oplus O_i, i=1,2,\cdots,m$；

其中，O_0 为初始向量，无须保密。

OFB 模式的主要优点是没有错误传播，密文中的 1 bit 错误只导致明文中的 1 bit 错误，因此适宜不可能重发的消息加密，如无线电信号；可以预处理；消息长度是任意的；可在线处理(随时处理明文)等。缺点是系统要求通信双方必须同步，否则难以解密。

2.4.5 计数器模式

计数器(Counter，CTR)模式下的分组密码算法，使用序列号作为算法的输入。它将一个计数器输入到寄存器中，每一个分组完成加密后，计数器都要增加某个常数(一般为 1)。CTR 模式的同步和错误传播特征与 OFB 模式完全相同。

CTR 加密：

$$C_0=\mathrm{ctr}_0$$

$$C_i=P_i\oplus E_K(\mathrm{ctr}_0+i), i=1,2,\cdots,m$$

CTR 解密：

$$\mathrm{ctr}_0=C_0$$

$$P_i=C_i\oplus E_K(\mathrm{ctr}_0+i), i=1,2,\cdots,m$$

其中，ctr_0 为初始向量，无须保密。

计数器模式的特征是，将计数器从初始值开始计数所得到的值反馈给基本的分组密码算法。随着计数的增加，基本的分组密码算法输出连续的分组来构成一个比特串，该比特串被用作密钥流，与明文分组相异或，从而得到最终的密文。

因为没有反馈，CTR 模式的加密和解密能够同时进行，这是 CTR 模式比 CFB 模式和 OFB 模式优越的地方。

2.5 对称加密算法的典型应用

加密算法的最经典应用当属对文件进行加密和解密。本节通过一个实例来说明使用 DES 算法来实现对文件的加密、解密过程。

假定读者使用 Windows 平台，首先需要使用 VC++创建一个名为 DESEncryption 的工程，在该工程中添加 DES 算法的源代码文件，并通过调用算法的接口函数对指定文件进行加密、解密操作。

1. 实现过程

打开 VC++，使用 Project 中的 MFC AppWizard(EXE)创建一个名为 DESEncryption

的工程，如图 2-6 所示，然后 单击“OK”按钮。

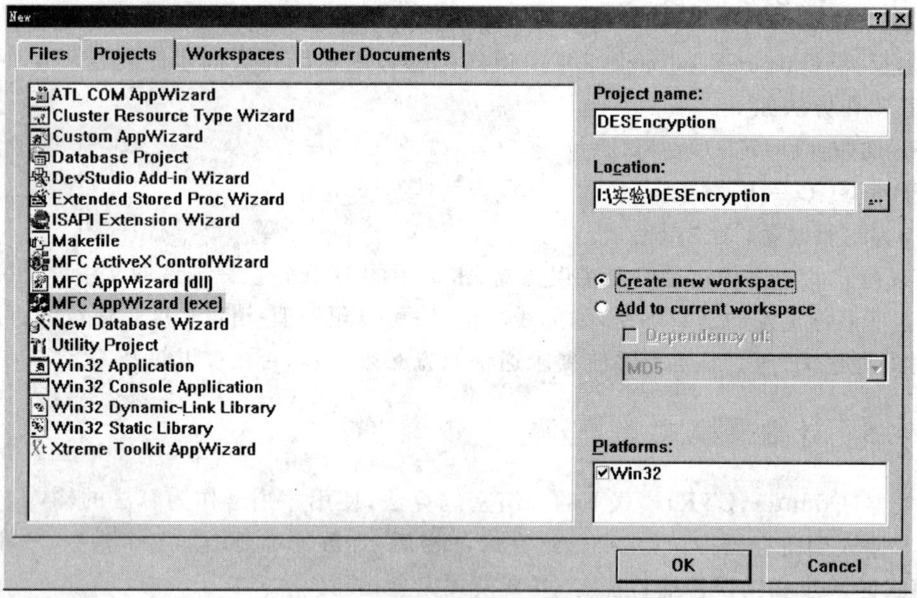

图 2-6　DES 工程创建

选择“Dialog based”类型的应用，如图 2-7 所示，单击“Finish ”按钮，在随后的弹出式对话框中单击“OK”按钮，完成工程的创建。

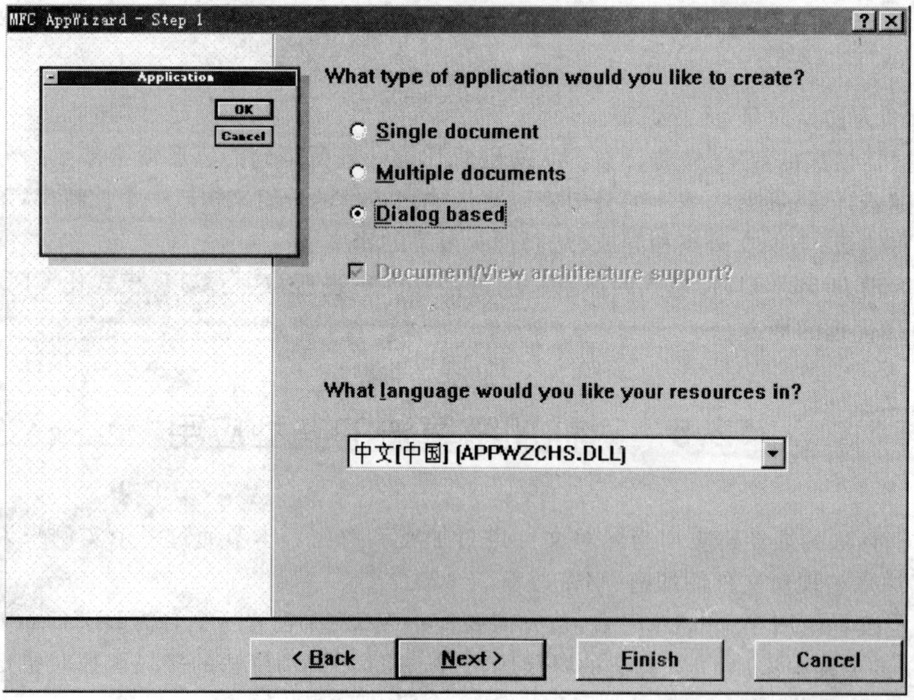

图 2-7　应用类型

打开“Resource”中的 IDD_DESENCRYPTION_DIALOG 对话框，并在对话框中按照

图 2-8 所示，添加各种控件。

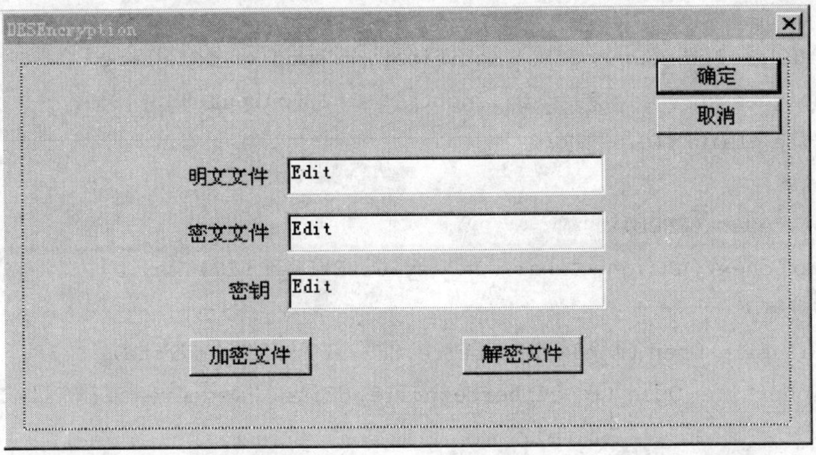

图 2-8 使用界面

从上至下，将图 2-8 中的 3 个 Edit 控件的 ID 分别设置为 IDC_PLAINTEXTFILE、IDC_CIPHERTEXTFILE 和 IDC_KEY。两个按钮对应的 ID 分别设置为 IDC_ENCRYPT 和 IDC_DECRYPT。

在资源编辑框中右击并选择"Class Wizard"，在弹出的快捷菜单中选择"Member Variables"页，为 3 个 Edit 控件分别创建变量 m_plaintextfile，m_ciphertextfile 和 m_key，设置变量 m_kdy 控件输入的最大字符数为 16，如图 2-9 所示，单击"OK"按钮。

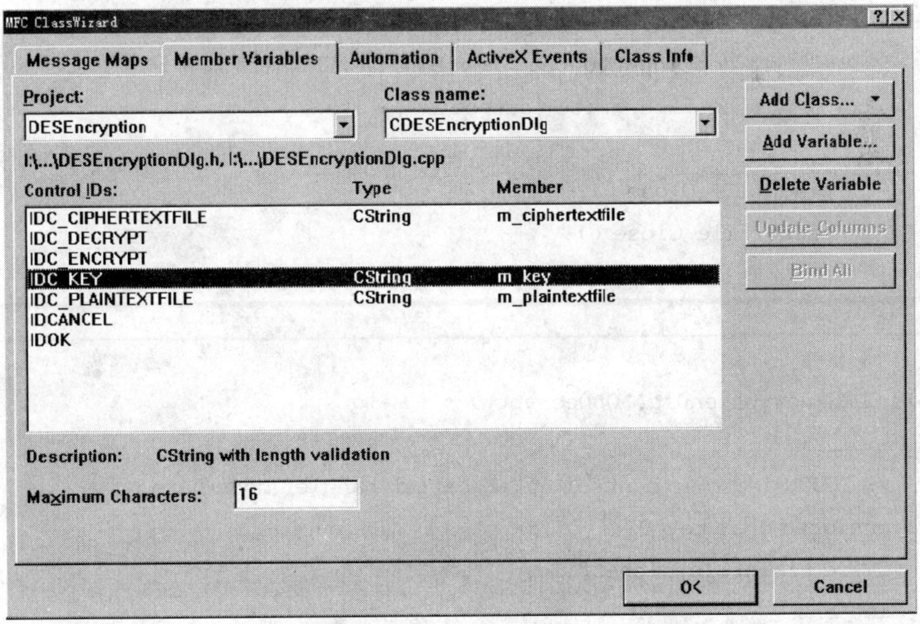

图 2-9 变量设置

在"Class Wizard"中分别为 IDC_ENCRYPT 和 IDC_DECRYPT 控件增加处理 BN_CLICKED 的函数 OnEncrypt()和 OnDecrypt()。

```
void CDESEncryptionDlg::OnEncrypt()
{
    // TODO: Add your control notification handler code here
    unsigned char key[9] = {0},input[9] = {0},output[9] = {0};
    CFile plainfile,cipherfile;
    int i;
    UpdateData(TRUE);
    CharToHex((unsigned char * )m_key.GetBuffer (17),key,8);//将密钥字符串转
//换成十六进制数
    plainfile.Open (m_plaintextfile,CFile::modeReadWrite);
    cipherfile.Open (m_ciphertextfile,CFile::modeCreate|CFile::modeRead-
                Write);
    i = plainfile.GetLength ()/8;
    if((plainfile.GetLength () % 8)! = 0)
        i++;
    if(plainfile)
    {
        for(;i>0;i--)//注意,每次 8 字节,采用 ECB 模式
        {
            memset(input,0x00,8);
            plainfile.Read (input,8);
            my_des(input,output,key,EN0); //EN0 代表加密运算
            cipherfile.Write (output,8);
        }
        plainfile.Close ();
        cipherfile.Close ();
    }
}

void CDESEncryptionDlg::OnDecrypt()
{
    // TODO: Add your control notification handler code here
    unsigned char key[9] = {0},input[9] = {0},output[9] = {0};
    CFile plainfile,cipherfile;
    int i;

    UpdateData(TRUE);

    CharToHex((unsigned char * )m_key.GetBuffer (17),key,8);//将密钥字符串转
```

```
//换成十六进制数
        cipherfile.Open (m_ciphertextfile,CFile::modeReadWrite);
        plainfile.Open (m_plaintextfile,CFile::modeCreate|CFile::modeRead-
Write);
        i=cipherfile.GetLength()/8;
        if((cipherfile.GetLength()%8)!=0)
            i++;
        if(cipherfile)
        {
            for(;i>0;i--)//注意,每次 8 字节,采用 ECB 模式
            {
                memset(input,0x00,8);
                cipherfile.Read (input,8);
                my_des(input,output,key,DE1); //DE1 代表解密运算
                plainfile.Write (output,8);
            }
            plainfile.Close ();
            cipherfile.Close ();
        }
    }
```

在本书所提供下载的源代码文件中,将 d3des.c 和 d3des.h 两个文件复制到 DESEncryption 工程所在的目录,在工程的 fileview 框中分别将这两个文件添加到 source file 和 header file 中,在 DESEncryption.cpp 的包含文件处加上对 d3des.h 的包含。代码如下:

```
#include "d3des.h"
```

打开 DESEncryptionDlg.h 文件,在 CDESEncryptionDlg 类声明前插入 DES 函数的声明,代码如下:

```
extern "C" void my_des(unsigned char * inblock, unsigned char * outblock, unsigned char * m_key, short edf);
extern "C" void CharToHex(unsigned char * bufin, unsigned char * bufout, int len);
extern "C" void HexToChar(unsigned char * bufin, unsigned char * bufout, int len);
```

右击 Workspace 并选中 Setting 菜单项,选中 C/C++页,在下方的"Category"选择 Precompiled Headers,在下方的单项选择框中选择"Automatic use of precompiled headers",如图 2-10 所示,单击"OK"按钮。

2. 运行检验

在 C 盘的根目录下建立 test 目录,在该目录下创建 plain.txt 文件,并在文件中加入需要加密的数据。编译并运行 DESEncryption 工程,在密钥输入框输入密钥,并在明文文件输入框输入"C:\test\plain.txt",在密文文件输入框中输入"C:\test\cipher.txt"。然后单

击“加密文件”按钮，如图 2-8 所示。观察 test 目录中的 cipher. txt 文件的内容，可以看到 cipher. txt的内容是乱码，这是 plain. txt 内容的密文。

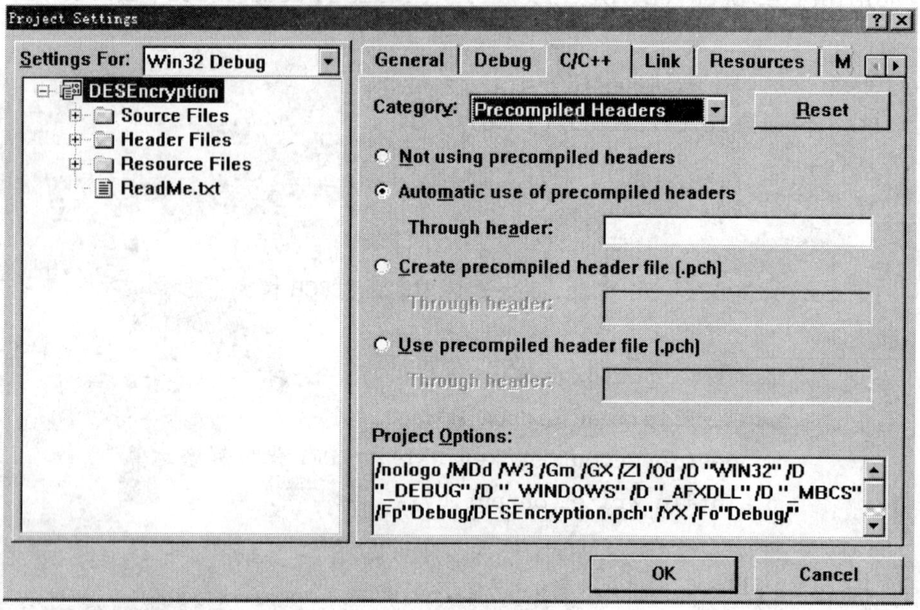

图 2-10　DES 加密的预编译设置

之后，在明文文件输入框输入“C:\test\decrypt. txt”，在密文文件输入框中输入“C:\test\cipher. txt”。然后单击“解密文件”按钮，在 decrypt. txt 中的内容与 plain. txt 一致，则表明加密和解密过程正确。

修改密文文件 cipher. txt 的内容，再单击“解密文件”，可以看到 decrypt. txt 中的除了被修改的分组数据不正确外，其他分组的数据均正确。

注意，本实例采用 ECB 模式来实现对文件的加密和解密，这一点可以与本章练习中使用 CBC 模式的 DES 加密方法相比较。

2.6　本章小结

本章介绍了最为经典的 3 种对称加密算法以及常见的分组密码的工作模式。通过这些经典算法，可以了解经常使用的加密算法的工作原理、算法特点及安全性。通过介绍分组密码的工作模式，可以知道如何将一个仅能处理固定长度的数据加密算法应用于不定长数据的加密和解密实践中，并了解各种工作模式的优、缺点，为实际工作中选择适当的工作模式提供帮助。在当今的数据加密算法中，对称加密算法仍然占有极其重要的地位，了解常见的算法及应用是使用加密工具进行信息保密的基本知识。

2.7 本章练习

一、填空题

1. 常用的分组密码的工作模式有________、________、________、________和________五种。

2. DES算法的分组长度为________位，密钥长度为________位。

3. DES的英文全称是________________，AES的英文全称是________________。

4. DES的非线性变换主要由________个S盒来完成。每加密一个数据分组要经过________轮迭代。

5. AES的轮数Nr的值取决于分组和密钥的长度。当密钥长度为128 bit时，Nr＝________；当密钥长度为192 bit时，Nr＝________；当密钥长度为256 bit时，Nr＝________。

二、简答题

1. IDEA算法是基于"相异代数群上的混合运算"的思想设计的，其中的混合运算指的是哪两种运算？

2. 简述分组密码常见的工作模式的工作方式及安全特点。

3. 简述AES轮变换中的4个步骤的工作原理。

三、实训题

1. 已知明文M＝computer，密钥K＝program，用ASCII码表示明文M和密钥K，然后计算用DES加密后密文的ASCII码。

2. 在本章的DES算法加密、解密应用实例的基础上编写CBC模式的3DES加密、解密函数。在生成密文文件后通过修改文件内容，观察解密后内容发生的变化与使用DES时的区别。

3. 在VC环境下实现创建一个工程，在该工程中嵌入IDEA算法源代码，以实现IDEA算法对文件的加密和解密。

4. 直接编写一个C＋＋文件，调用AES算法的函数，生成解密，加密和解密指定的数据。

第 3 章　非对称加密算法

学习目标

* 掌握非对称加密算法与对称加密算法的主要特点。
* 了解 RSA、ElGamal 及椭圆曲线密码体制的工作原理。
* 了解 RSA 算法的主要缺点。

非对称加密算法也被称作公钥加密算法，其思想是由 W. Diffie 和 M. Hellman 在 1975 年提出的。不同于以往的加密技术，非对称加密算术是建立在数学函数基础上的，而不是建立在位方式的操作上的。更重要的是，与只使用单一密钥的对称加密算法相比，它在加/解密时，分别使用了两个不同的密钥：一个可对外界公开，称为“公钥”(Public Key)；一个只有所有者知道，称为“私钥”(Private Key)。公钥和私钥之间具有紧密联系，用公钥加密的信息只能用相应的私钥解密，反之亦然。同时，要想由一个密钥推知另一个密钥，在计算上是不可能的。

典型的非对称加密算法如图 3-1 所示。

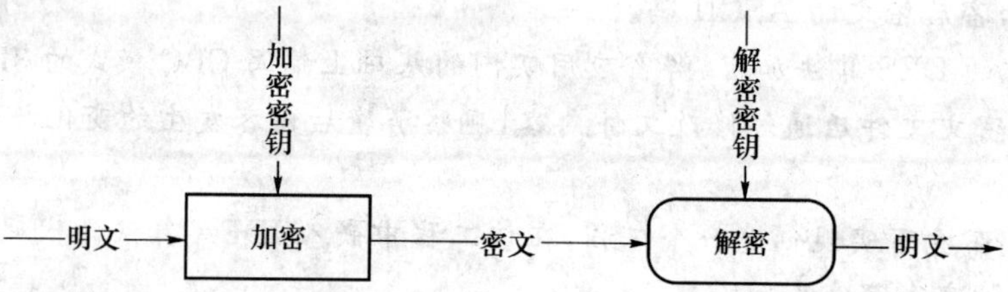

图 3-1　典型的非对称加密算法

在采用公钥体制的情况下用户 A 向用户 B 传输机密数据的步骤如下。

(1) 用户 A 查找用户 B 的公钥。因为公钥的公开不会影响到通信的保密性，用户 B 可以将自己的公钥公布在公共数据库，由其他人取用，或以普通电子邮件等方式通过非安全信道发送给用户 A。

(2) 用户 A 采用公钥加密算法以用户 B 的公钥作为加密密钥，对原始的明文信息进行加密。

(3) 用户 A 通过公共(非安全)信道将密文发送给用户 B。

(4) 用户 B 收到密文后，使用自己持有的私钥对其解密，还原出明文。

从以上的介绍中可以看出，与对称加密算法相比较，利用非对称加密算法进行安全通信，有以下优点。

(1) 通信双方事先不需要通过保密信道交换密钥。

(2) 密钥持有量大大减少。在 n 个用户的团体中进行通信，每一用户只需要持有自己的私钥，而公钥可放置在公共数据库上，供其他用户取用。这样，整个团体仅需拥有 n 对密钥，就可以满足相互之间进行安全通信的需求。但如果使用对称加密算法，其中每两个用户之间需要建立密码通信，则系统中每个用户须掌握 $(n-1)/2$ 个密钥，而系统中所需的密钥总数为 $n(n-1)/2$ 个。对 10 个用户的情况，每个用户必须有 9 个密钥，系统中密钥的总数为 45 个。对 100 个用户来说，每个用户必须有 99 个密钥，系统中密钥的总数为 4 950 个。这还仅考虑用户之间的通信只使用一种会话密钥的情况。如此庞大数量的密钥生成、管理、分发确实是一个难以处理的问题。

(3) 非对称加密算法还提供了对称加密算法无法或很难提供的服务，如与散列函数联合运用组成数字签名，构造安全的伪随机数发生器，用于零知识证明等。

使用公钥加密算法的主要缺点是：加/解密速度慢、耗用资源大。一般来说，实用的加/解密方案都综合运用了对称加密算法和非对称密码算法。

目前所使用的公钥加密算法的安全性基础主要是数学中的难解问题。最流行的公钥密码体制有两大类：一类是基于大整数分解问题的公钥密码体制，如 RSA 体制和 Rabin 体制；另一类是基于离散对数问题的公钥密码体制，如 ElGamal 体制和椭圆曲线密码体制等。

3.1 RSA 算法

1978 年提出的 RSA 算法是第一个既能用于数据加密也能用于数字签名的算法。它易于理解和操作，也很流行。算法的名字以发明者的名字命名，如 Ron Rivest，Adi Shamir 和 Leonard Adleman。但 RSA 的安全性一直未能得到理论上的证明。

RSA 的安全性依赖于大数分解。公钥和私钥都是两个大素数（大于 100 个十进制位）的函数。据猜测，从一个密钥和密文推断出明文的难度等同于分解两个大素数的积。

3.1.1 RSA 算法描述

1. 密钥对的产生

选择两个大素数，p 和 q。计算

$$n=pq$$

然后随机选择加密密钥 e，要求 e 和 $(p-1)(q-1)$ 互素。最后，利用欧几里得(Euclid)算法计算解密密钥 d，使其满足

$$ed=1 \bmod[(p-1)(q-1)]$$

数 e 和 n 是公钥，d 是私钥。两个素数 p 和 q 不再需要，应该丢弃，不要让任何人知道。

2. 加密

对消息 m（长度小于或等于 n，否则，首先把 m 分成若干个数据块）加密时，对应的密文是

$$c=m^e \pmod n$$

3. 解密

为解密密文 c,作如下计算:

$$m=c^d \pmod n$$

如果第三者要进行窃听,他必须要想办法得到几个数: m, $n(=pq)$, e。如果要解密,必须想办法得到 d。所以,必须先对 n 作质因数分解。要防止他分解成功,最有效的方法是找两个非常大的素数 p, q,使第三者作因数分解时发生困难。

下面简要地证明解密过程的正确性,证明的过程中会用到费马小定理。

如果 m 和 n 互素,即 $(n,m)=1$,则

$$m^{\varphi(n)}=1 \bmod n$$

对于 $n=pq$ (p,q 为两素数)来说,上式中的欧拉函数的值为

$$\varphi(n)=(p-1)(q-1)$$

利用这个结果证明 RAS 的解密过程如下:

因为

$$ed=1 \bmod[(p-1)(q-1)]$$

所以

$$ed=k(p-1)(q-1)+1$$

其中 k 是整数 。

因为在模运算中乘法是封闭的(即若 $x=y \bmod z$ 且 $u=v \bmod z$,则有 $xu=yv \bmod z$),所以

$$c^d=(m^e)^d=m^{ed}=m^{[k(p-1)(q-1)+1]} \bmod pq$$

以下分 4 种情况来证明。

(1) 如果 m 不是 p 的倍数,也不是 q 的倍数时,则

$$m^{(p-1)}=1 \bmod p \text{ (费马小定理)}$$

从而

$$m^{[k(p-1)(q-1)]}=1 \bmod p$$

$$m^{(q-1)}=1 \bmod q \text{ (费马小定理)}$$

从而

$$m^{[k(p-1)(q-1)]}=1 \bmod q$$

所以 p,q 均能整除 $m^{[k(p-1)(q-1)]}-1$,于是

$$pq \mid m^{[k(p-1)(q-1)]}-1$$

即

$$m^{[k(p-1)(q-1)]}=1 \bmod pq$$

$$c^d=(m^e)^d=m^{ed}=m^{[k(p-1)(q-1)+1]}=m \bmod pq$$

(2) 如果 m 是 p 的倍数,但不是 q 的倍数时,则 $m^{(q-1)}=1 \bmod q$ (费马小定理),从而

$$m^{[k(p-1)(q-1)]}=1 \bmod q$$

$$c^d=(m^e)^d=m^{ed}=m^{[k(p-1)(q-1)+1]}=m \bmod q$$

$$q \mid c^d-m$$

因 $p \mid m$,所以

$$c^d=(m^e)^d=m^{ed}=m^{[k(p-1)(q-1)+1]}=0 \bmod p$$

$$p \mid c^d-m$$

所以

$$pq \mid c^d-m$$

即

$$c^d=m \bmod pq$$

(3) 如果 m 是 q 的倍数，但不是 p 的倍数时，证明同上 。

(4) 如果 m 同时是 p 和 q 的倍数时，则 $pq \mid m$（因为 p、q 互素）。

$$c^d=(m^e)^d=m^{ed}=m^{[k(p-1)(q-1)+1]}=0 \bmod pq$$

从而

$$pq \mid c^d-m$$

可得

$$c^d=m \bmod pq$$

3.1.2　RSA 的安全性

RSA 的安全性依赖于大数分解，但是否等同于大数分解一直未能得到理论上的证明，因为没有证明破解 RSA 就一定需要作大数分解。假设存在一种无须分解大数的算法，那它肯定可以修改成为大数分解算法。目前，RSA 的一些变种算法已被证明等价于大数分解。不管怎样，分解 n 是最显然的攻击方法。现在，人们已能分解 155 多个十进制位的大素数。因此，模数 n 必须选大一些（人们建议使用模长为 1 024 bit 以上），应具体适用情况而定。

1. RSA 的选择密文攻击

RSA 在选择密文攻击面前很脆弱。由于 RSA 乘幂保留了输入的乘法结构，即

$$(XY)^e=X^eY^e \bmod n$$

也就是说

$$E_K(XY)=E_K(X)E_K(Y)$$

以上性质表明，攻击者知道 C_1 和 C_2 的明文是 M_1 和 M_2，他就知道 C_1C_2 所对应的明文是 $M_1M_2 \bmod n$。假定一个攻击者知道一个特定的密文 $C=M^d \bmod n$。如果攻击者除了 C 外可以从用户那里得到任意一个密文的明文消息，这时，敌手可以通过选择一个随机整数 $x\in Z_n^*$（小于 n 且与 n 互素的整数构成的关于模 n 的乘法群）来隐藏 C，并计算 $C'=Cx^e \bmod n$，然后让拥有私钥的用户为 C' 解密。一旦合法用户将 C' 正确解密，得到明文 M'（即 $C'=M'^e \bmod n$），则攻击者经过计算 $M=M'x^{-1} \bmod n$ 就可得到它所想要的密文 C 对应的明文信息（因为有 $M'=C'^d=(Cx^e)^d=C^d(x^e)^d=Mx \bmod n$）。

2. RSA 的公共模数攻击

若系统中共有一个模数，只是不同的人拥有不同的 e 和 d，系统将是危险的。最普遍的情况是同一信息用不同的公钥加密，这些公钥共模而且互素，那么该信息无须私钥就可得到恢复。设 P 为信息明文，两个加密密钥为 e_1 和 e_2，公共模数是 n，则

$$C_1=P^{e_1} \bmod n$$

$$C_2=P^{e_2} \bmod n$$

密码分析者知道 n、e_1、e_2、C_1 和 C_2，就能得到 P。

因为 e_1 和 e_2 互素，故用欧几里得(Euclid)算法能找到 r 和 s，满足

$$re_1+se_2=1 \bmod n$$

则

$$C_1^r C_2^s = P \bmod n$$

另外，还有其他几种利用公共模数攻击的方法。例如，知道给定模数的一对 e 和 d，一是有利于攻击者分解模数，另一是有利于攻击者计算出其他成对的 e' 和 d'，而无须分解模数。解决办法只有一个，那就是不要共享模数 n。

3. RSA 的小指数攻击

为了提高 RSA 的加密速度，有人建议使公钥 e 取较小的值。这样会使加密变得易于实现，速度有所提高，但却增加了不安全性。因此，从安全的角度来说，应该是 e 和 d 都取较大的值。

3.1.3 RSA 的主要缺点

(1) 产生密钥很麻烦。由于受到素数产生技术的限制，难以做到一次一密。

(2) 为保证安全性，n 至少也要 600 bit 以上，这样使分组长度太大，运算代价很高。由于进行的都是大数计算，无论是软件还是硬件实现，RSA 最快的情况也要比 DES 慢 100 倍。因此，速度一直是 RSA 最主要的缺陷。一般来说只用于少量数据加密。且随着大数分解技术的发展，这个长度还在增加，不利于数据格式的标准化。目前，SET(Secure Electronic Transaction)协议中要求数字证书认证中心(CA)采用 2 048 bit 长的密钥，其他实体使用 1 024 bit 的密钥。

RSA 算法是第一个能同时用于加密和数字签名的算法，也易于理解和操作。RSA 是被研究得最广泛的公钥加密算法，从提出到现在已近 30 年，经历了各种攻击的考验，逐渐为人们接受，普遍认为是目前最优秀的公钥方案之一。RSA 的安全性依赖于大数的因子分解，但并没有从理论上证明破译 RSA 的难度与大数分解难度等价。因此到目前为止，无法从理论上把握它的保密性能如何，而且密码学界多数人士倾向于因子分解不是 NPC 问题(NP-完全问题)。

3.2 ElGamal 算法

ElGamal 算法既能用于数据加密也能用于数字签名，其安全性依赖于计算有限域上离散对数这一难题。

为产生一对密钥，首先要选择一个素数 p 和两个随机数 g 和 x，要求 g, $x<p$，计算 $y=g^x \pmod p$，则其公钥为 y, g 和 p，而私钥是 x。g 和 p 可由一组用户共享。

1. ElGamal 加密

设被加密信息为 M，首先选择一个随机数 k，k 与 $p-1$ 互素，计算

$$c_1=g^k \pmod p$$

$$c_2=y^k M \pmod p$$

(c_1, c_2)为密文，是明文的两倍长。

2. ElGamal 解密

为解密(c_1, c_2)，计算

$$M=c_2/\ c_1^x \pmod p$$

解密步骤中的除法运行需要运用扩展的欧几里得算法，通常这个算法的代价比乘法高。但是，接收方可以通过计算

$$M=c_2\ c_1^{-x} \pmod p$$

来避免除法运算。但是要注意这里的 $-x$ 表示 $p-1-x$。

ElGamal 加密的安全性依赖于乘法群 Z_p^* 上的离散对数计算。在一个有限域 Z_p^*（p 为素数）上的离散对数问题可叙述为：给定一个素数 p 和 Z_p^* 的一个生成元 g，对于 $y\in Z_p^*$，找唯一一个整数 x，$0\leqslant x\leqslant p-2$，使得 $g^x=y$。一般地，如果仔细选择 p，那么认为该问题是困难的。素数 p 必须足够大，且 $p-1$ 至少包含一个大素数因子。ElGamal 的一个不足之处是它的密文成倍扩张。

ElGamal 算法的密文由明文和所选的随机数 k 来决定，因此是非确定性加密算法，一般称之为随机化(Randomized)加密算法，即对同一明文由于不同时刻的随机数 k 不同而给出不同的密文。

3.3　椭圆曲线加密算法

同 RSA 一样，椭圆曲线加密算法(Elliptic Curves Cryptography，ECC)也属于公钥加密算法。那么，什么是椭圆曲线(Elliptic Curves)呢？

3.3.1　密码学中的椭圆曲线

先来看素域 F_p（p 为素数）上的密码椭圆曲线的一般形式。

选择两个满足下列条件的小于 p 的非负整数 a、b，使

$$4a^3+27b^2\neq 0 \pmod p$$

则满足下列方程的所有点(x,y)，再加上无穷远点 O_∞，构成一条密码椭圆曲线：

$$y^2=x^3+ax+b \pmod p$$

其中，x，y 属于 0 到 $p-1$ 间的整数，并将这条椭圆曲线记为 $E_p(a,b)$。

注意，并不是所有的椭圆曲线都适合加密。$y^2=x^3+ax+b$ 是一类可以用来加密的椭圆曲线，也是最为简单的一类，因此称为密码椭圆曲线。

3.3.2　椭圆曲线上的加法运算

要用椭圆曲线进行加密处理，首先要定义其上的一些运算。怎样建立一个类似于在实数轴上加法的运算法则呢？

运算法则：任意取椭圆曲线上两点 P、Q（若 P、Q 两点重合，则作 P 点的切线）作直线交于椭圆曲线的另一点 R'，过 R' 作 y 轴的平行线与曲线交于另一点 R，如图 3-2 所示。定义 $P+Q=R$。

需要注意的是，这里的“+”不是实数中普通的加法，而是从普通加法中抽象出来的加法，它具备普通加法的一些性质（如交换律和结合律等），但具体的运算法则显然与普通加法不同。

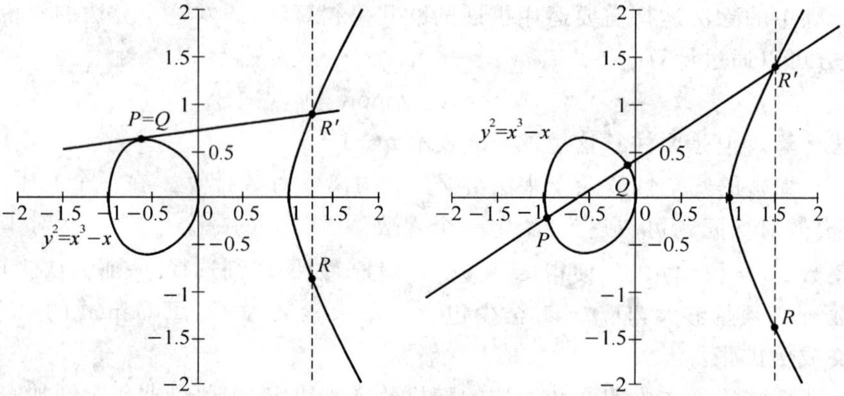

图 3-2　椭圆曲线上的加法运算

根据这个法则，可以知道椭圆曲线无穷远点 O_∞ 与椭圆曲线上一点 P 的连线交于 P'，过 P' 作 y 轴的平行线交于 P，所以有无穷远点 $O_\infty+P=P$。这样，无穷远点 O_∞ 的作用与普通加法中零的作用相当（0+2=2），称这个无穷远点为“零元”。同时把 P' 称为 P 的“负元”（简称负 P，记作 $-P$），如图 3-3 所示。

根据这个法则，可以得到如下结论：如果椭圆曲线上的 3 个点 A,B,C 处于同一条直线上，那么它们的和等于零元，即 $A+B+C=O_\infty$。

k 个相同的点 P 相加记作 kP。如图 3-4 所示，$P+P+P=2P+P=3P$。

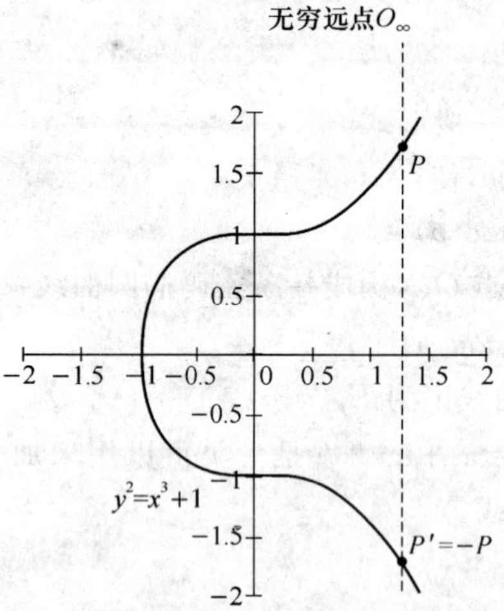

图 3-3　椭圆曲线上加法运算的零元和负元

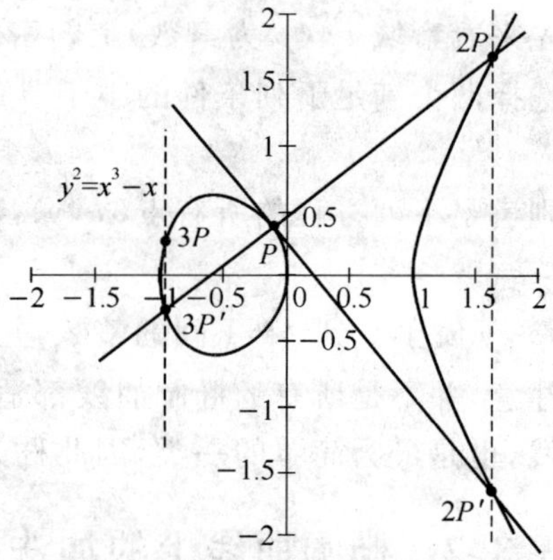

图 3-4　椭圆曲线上的数乘

下面说明如何利用 P,Q 点的坐标 (x_1,y_1)，(x_2,y_2)，求出 $R=P+Q$ 的坐标 (x_4,y_4)。

假如椭圆曲线方程为

$$y^2=x^3+ax+b$$

可以通过以下两步来求 $R(x_4, y_4)$ 的坐标。

第 1 步，先求点 $R(x_4, y_4)$ 的对称点 $-R(x_3, y_3)$。

因为 $P,Q,-R$ 三点共线，故设共线方程为 $y=kx+b'$。若 $P\neq Q$（P,Q 两点不重合），则该直线的斜率为

$$k=(y_1-y_2)/(x_1-x_2)$$

若 $P=Q$（P,Q 两点重合），则直线为椭圆曲线的切线，该直线的斜率为

$$k=(3x_2+a)\ /(2y)$$

因此 $P,Q,-R$ 三点的坐标值就是方程组

$$\begin{cases} y^2=x^3+ax+b & (3\text{-}1) \\ y=kx+b' & (3\text{-}2) \end{cases}$$

的解。

将式(3-2)代入式(3-1)中有

$$(kx+b')^2=x^3+ax+b \tag{3-3}$$

将式(3-3)化为一般方程，根据三次方程根与系数关系〔当三次项系数为 1 时，$-x_1x_2x_3$ 等于常数项系数，$x_1x_2+x_2x_3+x_3x_1$ 等于一次项系数，$-(x_1+x_2+x_3)$ 等于二次项系数〕，有

$$-(x_1+x_2+x_3)=-k^2$$

于是可求出点 $-R$ 的横坐标

$$x_3=k^2-x_1-x_2$$

因为 $k=(y_1-y_3)/(x_1-x_3)$ 故求出点 $-R$ 的纵坐标

$$y_3=y_1-k(x_1-x_3)$$

第 2 步，利用 $-R$ 求 R。

利用 $-R$ 和 R 对称关系，显然可求出点 R 的横坐标

$$x_4=x_3=k^2-x_1-x_2$$

而 y_3 和 y_4 为 $x=x_4$ 时方程 $y^2=x^3+ax+b$ 的解，将其化为一般方程 $y^2-(x^3+ax+b)=0$，根据二次方程根与系数关系得

$$y_3+y_4=0$$

故

$$y_4=-y_3=k(x_1-x_4)-y_1$$

于是 R 的坐标分别为

$$x_4=k^2-x_1-x_2$$

$$y_4=k(x_1-x_4)-y_1$$

F_p 上的椭圆曲线上的加法已经不能给予几何意义的解释。不过，加法法则和实数域上的加法差不多，可将其小结如下。

(1) 无穷远点 O_∞ 是零元，有 $O_\infty+O_\infty=O_\infty$，$O_\infty+P=P$。

(2) $P(x,y)$ 的负元是 $(x,-y)$，有 $P+(-P)=O_\infty$。

(3) 如果 $P(x_1,y_1)$，$Q(x_2,y_2)$ 和 $R(x_3,y_3)$ 三点共线，则它们的坐标有如下关系：

$$x_3\equiv k^2-x_1-x_2 \pmod p$$

$$y_3 \equiv k(x_1 - x_3) - y_1 \pmod p$$

其中,若 $P=Q$ 则 $k=(3x_1^2+a)/2y_1$ 是 P 点切线的斜率。若 $P \neq Q$,则

$$k=(y_2-y_1)/(x_2-x_1)$$

是 P、Q 两点直线的斜率。

【例 3-1】 已知 $E_{23}(1,1)$ 上两点 $P(3,10)$,$Q(9,7)$,求①$-P$,②$P+Q$,③$2P$。

解 ① $-P$ 的值为$(3,-10)$。

② $k=(7-10)/(9-3)=-1/2$,2 的乘法逆元为 12,因为

$$2\times 12 \equiv 1 \pmod{23}$$

$$k \equiv -1\times 12 \pmod{23}$$

故

$$k=11$$

$$x=11^2-3-9=109 \equiv 17 \pmod{23}$$

$$y=11[3-(-6)]-10=89 \equiv 20 \pmod{23}$$

故 $P+Q$ 的坐标为$(17,20)$。

③ $k=[3(3^2)+1]/(2\times 10)=1/4 \equiv 6 \pmod{23}$

$x=6^2-3-3=30 \equiv 20 \pmod{23}$

$y=6(3-7)-10=-34 \equiv 12 \pmod{23}$

故 $2P$ 的坐标为$(7,12)$。

最后介绍一下椭圆曲线上的点的阶(Order)。

如果椭圆曲线上一点 P,存在最小的正整数 n,使得数乘 $nP=O_\infty$,则将 n 称为 P 的阶,若 n 不存在,则称 P 是无限阶的。

事实上,在有限域上定义的椭圆曲线上所有的点的阶 n 都是存在的。

3.3.3 椭圆曲线上简单的加/解密

公钥加密算法总是要基于一个数学上的难题(如 RSA 依据的是大整数分解问题),那么椭圆曲线上有什么难题呢?

考虑如下等式

$$K=kG$$

其中,K,G 为 $E_p(a,b)$上的点,k 为小于 n(n 是点 G 的阶)的整数。不难发现,给定 k 和 G,根据加法法则,计算 K 很容易;但给定 K 和 G,求 k 就相对困难了。这就是椭圆曲线加密算法所依据的难题,称其为椭圆曲线上的离散对数问题。把点 G 称为基点(Base Point),k($k<n$,n 为基点 G 的阶)称为私钥(Private Key),K 称为公钥(Public Key)。

利用椭圆曲线进行加密通信的过程如下:

(1) 用户 A 选定一条椭圆曲线 $E_p(a,b)$,并取椭圆曲线上一点,作为基点 G。

(2) 用户 A 选择一个私钥 k,并生成公钥 $K=kG$。

(3) 用户 A 将 $E_p(a,b)$和点 K,G 传给用户 B。

(4) 用户 B 接到信息 M 后 ,将待传输的明文编码到 $E_p(a,b)$上一点 M,并产生一个随机整数 r($r<n$)。计算

$$C_1 = M + rK$$
$$C_2 = rG$$

其中，C_1，C_2 为密文。

(5) 用户 B 将 C_1，C_2 传给用户 A。

(6) 用户 A 接到信息后，计算 $C_1 - kC_2$，结果就是点 M。因为

$$C_1 - kC_2 = M + rK - k(rG) = M + rK - r(kG) = M$$

再对点 M 进行解码就可以得到明文。

在这个加密通信中，如果有一个偷窥者 H，他只能看到 $E_p(a,b)$、K、G、C_1、C_2 而通过 K、G 求 k 或通过 C_2、G 求 r 都是相对困难的。因此，偷窥者 H 无法得到用户 A、B 间传送的明文信息，如图 3-5 所示。

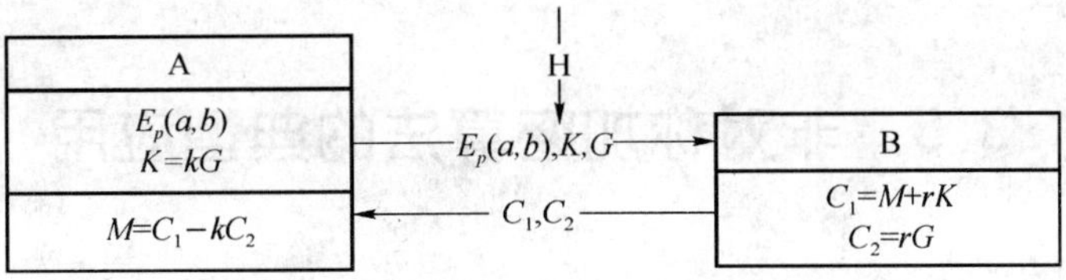

图 3-5　利用椭圆曲线加密通信过程

密码学中，描述一条 F_p 上的椭圆曲线，常用到 6 个参量：

$$T = (p, a, b, G, n, h)$$

其中，p、a、b 用来确定一条椭圆曲线，G 为基点，n 为点 G 的阶，h 是椭圆曲线上所有点的个数 m 与 n 相除的整数部分。这几个参量取值的选择，直接影响了加密的安全性。参量值一般要求满足以下几个条件：

(1) p 当然越大越安全，但越大，计算速度会变慢，200 位左右可以满足一般安全要求；

(2) $p \neq n \times h$；

(3) $p^t \neq 1 (\bmod n)$，$1 \leqslant t < 20$；

(4) $4a^3 + 27b^2 \neq 0 (\bmod p)$；

(5) n 为素数；

(6) $h \leqslant 4$。

3.4　对称和非对称加密算法的综合应用

关于对称加密算法和非对称加密算法的讨论表明：前者具有加密速度快、运行时占用资源少等特点，后者可以用于密钥交换。一般来说，并不直接使用非对称加密算法加密明文，而仅用它保护实际加密明文的对称密钥，这就是所谓的数字信封(Digital Envelope)技术。举例说明，若用户 A 向用户 B 发送保密信息，如图 3-6 所示，具体步骤为：

(1) 用户 A 生成一随机的对称密钥，即会话密钥；

(2) 用户 A 用会话密钥加密明文；

(3) 用户 A 用用户 B 的公钥加密会话密钥；

(4) 用户 A 将密文及加密后的会话密钥传递给用户 B；

(5) 用户 B 使用自己的私钥解密会话密钥；

(6) 用户 B 使用会话密钥解密密文，得到明文。

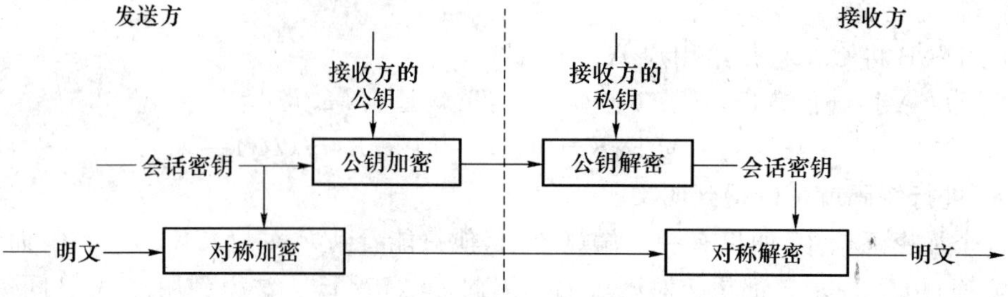

图 3-6　非对称加密算法和对称加密算法的混合应用

3.5　非对称加密算法的典型应用

本节介绍用 RSA 算法进行加密和解密的应用实例。根据 RSA 算法的原理，首先要生成一个大整数，并生成一对公钥和私钥，然后再进行加密和解密运算。

具体的实现和运行过程可直接使用本书附带的 RSA 算法。首先进入 RSA 所在的目录 RSA。找到在 debug 目录(或 Release 目录)下，名为 RSAApplication. exe 执行文件。其次，运行 RSAApplication. exe。

第 1 步，依照图 3-7 所示的界面，选择两个素数，然后单击“Generate keys”按钮，生成密钥。在右面的框中会显示由这两个素数的乘积，以及生成的公钥和私钥。

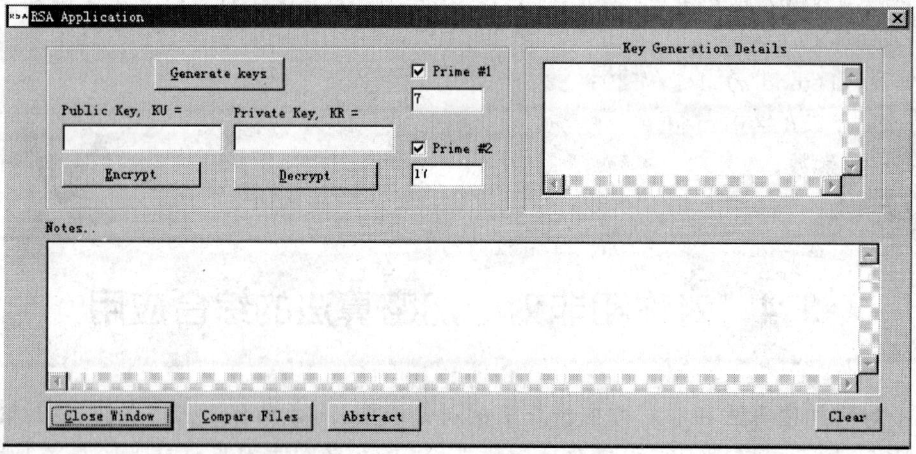

图 3-7　RSA 应用运行界面

第 2 步，单击“Encrypt”按钮，选择一个要加密的文件，对该文件进行加密，生成的密文文件与文明文件同名，但后缀名为“enc”。

第 3 步，单击“Decrypt”按钮，选择一个要解密的文件. enc，对该文件进行解密操作。解密后的文件名后缀为“dec”。

第 4 步，对照加密前明文文件与解密后的文件内容是否一致。

在图 3-7 中的 Notes 框中显示运行情况日志。

3.6 本章小结

本章介绍了 3 种典型的非对称加密算法，这 3 种非对称加密算法也是当前使用最为广泛的非对称加密算法。由于非对称加密算法一般都建立在某个数学难题的基础之上，使得它们的安全性可以通过“归约”的方法，归结为某个数学难题的困难性上，从而使它们的安全性具有可证明的特点。

非对称加密算法解决了对称加密算法的密钥分配问题，其安全性也可归结为某个数学难题的困难性上，但一般情况下，其运算速度比较慢。这是非对称加密算法的普遍缺点。为了提高运算效率，通常是将非对称加密算法和对称加密算法结合起来，形成混合密码体制（如 PGP）。

3.7 本章练习

一、填空题

1. 与只使用单一密钥的对称加密算法相比，非对称加密算法在加/解密时，分别使用了两个不同的密钥：一个________，称为________；一个________，称为________。

2. 假设系统有 1 000 个用户，每两个用户之间可以进行保密通信，如果采用对称加密算法，则系统要拥有_______个密钥。如果采用非对称加密算法，用户系统要拥有_______密钥。

3. 目前所使用的公钥加密算法的安全性基础主要是数学中的难解问题，RSA 的安全性基于________问题，如 ElGamal 算法的安全性基于________，椭圆曲线密码算法的安全性基于________。

二、选择题

1. 说公钥加密比对称加密更先进，这是因为(　　)。

   A. 公钥是建立在数学函数基础上的，而不是建立在位方式的操作上的

   B. 公钥加密比常规加密更具有安全性

   C. 公钥加密是一种通用机制，常规加密已经过时了

   D. 公钥加密算法的额外开销少

2. 在公钥加密算法中，公开的是(　　)。

   A. 加密密钥　　B. 解密密钥　　C. 明文　　D. 加密密钥和解密密钥

3. 下面的密码算法中，属于公钥加密算法的是(　　)。

   A. DES　　B. RSA　　C. IDEA　　D. AES

4. 如果发送方使用的加密密钥和接收方使用的解密密钥不相同，从其中一个密钥难以

推出另一个密钥，这样的系统称为（ ）。

A. 常规加密系统　　B. 单密钥加密系统

C. 公钥加密系统　　D. 对称加密系统

三、简答题

1. 简述非对称加密算法的优缺点。
2. 简述 RSA 算法的工作原理。
3. 简述 ElGamal 算法的工作原理。
4. 简述椭圆曲线加密算法的工作原理。

四、实训题

运行本章第 3.5 节的程序，体会 RSA 加密和解密的过程。

第4章 散列算法及其应用

学习目标

* 了解散列算法的安全要求。
* 了解散列算法的一般构造原理。
* 了解 MD5 算法和 SHA-1 算法的工作过程。
* 掌握散列算法在消息认证方面的应用。

前面各章介绍了密码技术在保密服务方面的应用，然而，密码技术的应用远不止局限于提供机密性服务。信息的认证性是信息安全性的另一个重要方面。认证的目的有两个：一是验证信息的发送者是真正的，而不是冒充的，称之为消息源认证；二是验证信息的完整性，即验证信息在传送或存储过程中是否被篡改、重放或延迟等。对安全系统的攻击主要有两类：一类是被动攻击，攻击者只是对截获的密文进行分析；另一类是主动攻击，攻击者通过采用删除、增添、重放和伪造等手段主动向系统注入假消息。认证是防止他人对系统进行主动攻击（如伪造、篡改信息等）的一种重要技术。

保密和认证虽同属密码技术应用，但它们是两个不同的属性问题。认证不能自动地提供保密性，保密也不能自动地提供认证功能。

对消息的完整性或数据源认证可以按下述方法来提供。消息发送者使用对要发送的消息产生一个附件（也称为消息认证码或认证标签），并将该附件和消息一起传输给接收者，消息接收者在将消息作为真实消息接收之前，检查接收到的消息内容和附件是否一致。显然，如果不对该附件进行密码保护，攻击者很容易进行主动攻击，即先对数据内容进行修改，然后利用修改的数据产生一个附件。为了避免这种攻击，需利用一个私钥来产生一个附件。只有知道该密钥的人才能产生正确的附件，从而验证其真实性。因而，若入侵者篡改消息，必将被检测出来。图 4-1 描述了一般的认证封装机制。

在发送端，发送方首先应用密码技术对要发送的消息产生一个认证标签（与消息本身相比，该认证标签通常较短），然后将该认证标签连同消息一起发送出来，在接收端，对收到的消息及其认证标签进行合法性检查，如果合法，则接受该消息，否则拒绝接收。对认证标签进行合法性检查的简单方法是使用同样的密钥应用同样的标签生成算法，重新生成一个标签，然后对比重新生成的标签与收到的标签是否一致。如果一致，则表示消息合法，否则表示消息非法。

对消息的完整性进行认证的主要手段是消息认证码，而对消息源进行认证的主要手段是数字签名。

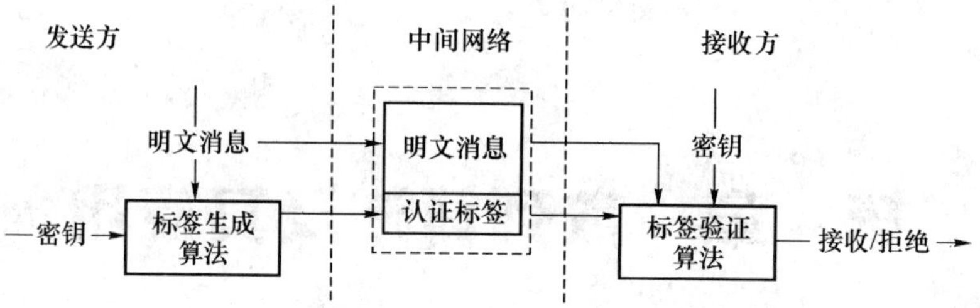

图 4-1　认证封装机制

4.1 散列算法

4.1.1 散列函数的属性

散列函数(也称散列算法)提供了这样一种服务：它对不同长度的输入消息，产生固定长度的输出。这个固定长度的输出称为原输入消息的“散列”或“消息摘要”(Message Digest)。对于一个安全的散列函数，这个消息摘要通常可以直接作为消息的认证标签。一个安全的散列函数 H 必须具有以下属性。

(1) H 的输入长度是任意的，能够应用到大小不一的数据上。

(2) H 的输出长度是固定的，根据目前的计算技术应至少取 128 bit，以便抵抗生日攻击。

(3) 对于任意给定的 x，计算输出其散列值 $H(x)$是很容易的。

(4) 对于任意给定的值 h，要发现一个满足 $H(x)=h$ 的 x 在计算上是不可行的。

(5) 对于任意给定的块 x，要发现一个满足 $H(y)=H(x)$的 y，而 $y \neq x$ 在计算上是不可行的。

(6) 要发现满足 $H(x)=H(y)$的(x,y)对在计算上是不可行的。

其中的第(1)、(2)条说明散列函数的数据压缩性质；第(3)、(4)条说明其单向性；最后两条说明其抗碰撞性。

攻击散列函数的典型方法是生日攻击，生日攻击的基本观点来自于生日问题：在一个教室里最少有多少学生时，可使得在这个教室里至少有两个学生的生日在同一天的概率不小于 50%？这个问题的答案是 23。

目前已研制出适合于各种用途的散列算法，这些算法都是伪随机函数，任何散列值都是等可能的。输出并不以可辨别的方式依赖于输入。任何输入串中单个比特的变化，将会导致输出比特串中大约一半的比特发生变化。

4.1.2 散列函数的构造方式

事实上，构造一个可以有任意长度输入的函数是非常困难的，因此，大部分的散列函数的设计是从某个输入长度固定的压缩函数入手，然后采用某种结构将压缩函数扩展生成输入长度为任意值的散列函数。最常用的散列函数的构造方式是 Merkle-Damgard 加强式迭代结构，简称为 MD 方式。

MD 方式首先对消息填充，以满足压缩函数输入长度的要求和保证其安全性。填充方式是在消息末尾首先填充一比特"1"，然后填充足够比特的"0"，最后将消息的长度填充到末尾。填充后消息长度正好为压缩函数输入长度的整数倍。填充好的消息被分成固定大小的消息块 $M_1, \cdots, M_L$，初始变量设成某个固定值，然后进行压缩函数的迭代处理。如图 4-2 所示，设压缩函数为 f，则散列函数的处理过程总结如下：

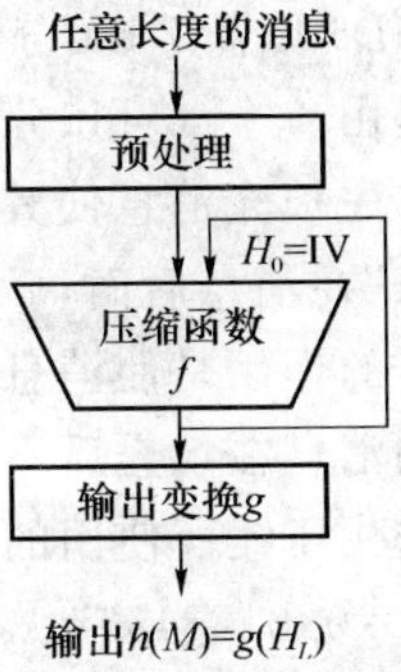

图 4-2　散列函数的迭代结构

填充原始消息并将消息分成固定长度的块 $M_1, \cdots, M_L$，将初始变量 H_0 设成固定值 IV，设 i 从 1 到 L，计算

$$H_i = f(H_{i-1}, M_i)$$

输出

$$h(M) = g(H_L)$$

4.1.3　典型散列算法

目前常用的散列算法主要有以下几种。

1. MD2 算法

MD2 算法是 Rivest 在 1989 年开发出来的，在处理过程中首先对信息进行补位，使信息的长度是 16 的倍数，然后以一个 16 bit 的校验和追加到信息的末尾，并根据这个新产生的信息生成 128 bit 的散列值。它针对 8 位的计算机进行过优化，但速度比后来的散列算法要慢。

2. MD4 算法

Rivest 在 1990 年又开发出 MD4 算法。MD4 算法也需要信息的填充，它要求信息在填充后加上 448 能够被 512 整除。用 64 bit 表示消息的长度，放在填充比特之后生成 128 bit 的散列值。

3. MD5 算法

MD5(Message Digest Algorithm-5)算法是由 Rivest 在 1991 年设计的，在 RFC 1321 中作为标准描述。MD5 按 512 bit 数据块为单位来处理输入，产生 128 bit 的消息摘要。

4. SHA/SHA-1 算法

SHA(Secure Hash Algorithm)算法由 NIST 开发，并在 1993 年作为联邦信息处理标准公布。在 1995 年公布了其改进版本 SHA-1。SHA 与 MD5 的设计原理类似，同样也按 512 bit 数据块为单位来处理输入，但它产生 160 bit 的消息摘要，具有比 MD5 更强的安全性。

4.2　MD5 算法原理分析

MD5 是 MD4 的改进版，也是由 Ron Rivest 设计的基于迭代压缩结构(MD 结构)的单向散列函数。

4.2.1 基本描述

MD5 以 512 bit 分组来处理输入文本，每一分组又划分为 16 个 32 bit 子分组。算法的输出是由 4 个 32 bit 分组级联而成的 128 bit 散列值。

首先填充消息使其长度恰好为一个比 512 bit 的倍数仅小 64 bit 的数。填充方法是附一个“1”在消息后面，后接所要求的多个“0”，然后在其后附上 64 bit 的消息长度(填充前)。这两步的作用是使消息长度恰好是 512 bit 的整数倍(算法的其余部分要求如此)，同时确保不同的消息在填充后不相同。

迭代压缩所使用的初始向量为 4 个 32 bit 的字，其初始化为：

A=0x01234567

B=0x89abcdef

C=0xfedcba98

D=0x76543210

接着进行算法的主循环，每次循环处理一个 512 bit 的消息分组，循环的次数是消息中 512 bit 消息分组的数目。

迭代开始时，将上面 4 个变量分别复制到另外的 4 个变量中：A 到 a，B 到 b，C 到 c，D 到 d。

MD5 每处理一个消息分组(512 bit)需顺序进行 4 个非线性轮函数(MD4 只有 3 个)运算。每一个非线性轮函数，先将一个 512 bit 的消息分组再分成 16 个 32 bit 的字，然后对每个 32 bit 的字进行一次非线性操作，共进行 16 次操作，完成一轮压缩处理。每次操作对 a，b，c 和 d 4 个链接变量(Chaining Veriable)中的其中 3 个作一次非线性函数运算，然后将所得结果加上第 4 个变量、消息文本的一个 32 bit 子分组和一个 32 bit 的常数。再将所得结果向左循环移位一个不定的数，并加上 a，b，c 或 d 中之一。最后用该结果取代 a，b，c 或 d 中之一，形成下一次操作所用的值。每次操作的过程如图 4-3 所示。

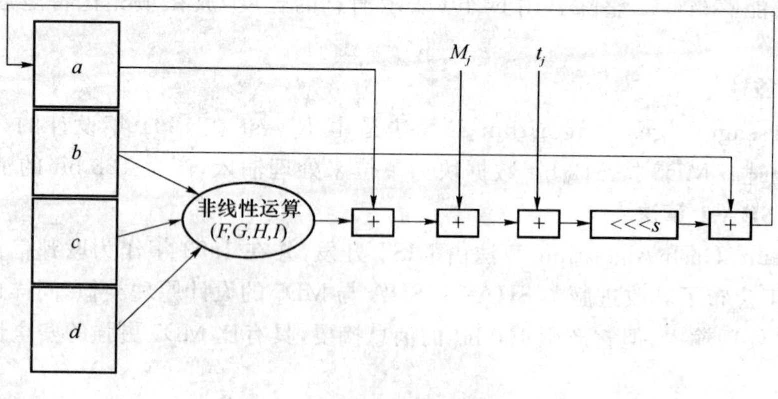

图 4-3　MD5 轮函数中的对 32 bit 消息字的一次处理过程

4 个非线性轮函数分别使用以下 4 个非线性操作(每轮 1 个)。

$$F(X,Y,Z)=(X \wedge Y) \vee (\neg X \wedge Z)$$

$$G(X,Y,Z)=(X \wedge Z) \vee (Y \wedge \neg Z)$$

$$H(X,Y,Z)=X \oplus Y \oplus Z$$

$$I(X,Y,Z)=Y \oplus (X \vee \neg Z)$$

其中，∧是按位与，∨是按位或，¬是按位非，⊕是按位异或。

这些函数是这样设计的：如果 X、Y 和 Z 的对应位是独立和均匀的，那么结果的每一位也应是独立和均匀的。

4.2.2　MD5 的非线性轮函数

设 M_j 表示消息的第 j 个子分组(从 0～15)，$<<<s$ 表示循环左移 s 位，如图 4-3 所示，则每一次循环的 4 种操作可表示为：

① FF(a,b,c,d,M_j,s,t_i)：表示 $a=b+((a+F(b,c,d)+M_j+t_i)<<<s)$；

② GG(a,b,c,d,M_j,s,t_i)：表示 $a=b+((a+G(b,c,d)+M_j+t_i)<<<s)$；

③ HH(a,b,c,d,M_j,s,t_i)：表示 $a=b+((a+H(b,c,d)+M_j+t_i)<<<s)$；

④ II(a,b,c,d,M_j,s,t_i)：表示 $a=b+((a+I(b,c,d)+M_j+t_i)<<<s)$。

MD5 的 4 个非线性轮函数分别如下。

(1) 第 1 个非线性轮函数由进行以下的 16 步操作(FF 操作)来完成：

① FF(a,b,c,d,M_0,7,0xd76aa478)；

② FF(d,a,b,c,M_1,12,0xe8c7b756)；

③ FF(c,d,a,b,M_2,17,0x242070db)；

④ FF(b,c,d,a,M_3,22,0xc1bdceee)；

⑤ FF(a,b,c,d,M_4,7,0xf57c0faf)；

⑥ FF(d,a,b,c,M_5,12,0x4787c62a)；

⑦ FF(c,d,a,b,M_6,17,0xa8304613)；

⑧ FF(b,c,d,a,M_7,22,0xfd469501)；

⑨ FF(a,b,c,d,M_8,7,0x698098d8)；

⑩ FF(d,a,b,c,M_9,12,0x8b44f7af)；

⑪ FF(c,d,a,b,M_{10},17,0xffff5bb1)；

⑫ FF(b,c,d,a,M_{11},22,0x895cd7be)；

⑬ FF(a,b,c,d,M_{12},7,0x6b901122)；

⑭ FF(d,a,b,c,M_{13},12,0xfd987193)；

⑮ FF(c,d,a,b,M_{14},17,0xa679438e)；

⑯ FF(b,c,d,a,M_{15},22,0x49b40821)。

(2) 第 2 个非线性轮函数由进行以下的 16 步操作(GG 操作)来完成：

① GG(a,b,c,d,M_1,5,0xf61e2562)；

② GG(d,a,b,c,M_6,9,0xc040b340)；

③ GG(c,d,a,b,M_{11},14,0x265e5a51)；

④ GG(b,c,d,a,M_0,20,0xe9b6c7aa)；

⑤ GG(a,b,c,d,M_5,5,0xd62f105d)；

⑥ GG(d,a,b,c,M_{10},9,0x02441453)；

⑦ GG(c,d,a,b,M_{15},14,0xd8a1e681)；

⑧ GG(b,c,d,a,M_4,20,0xe7d3fbc8)；

⑨ GG(a,b,c,d,M_9,5,0x21e1cde6)；

⑩ GG(d,a,b,c,M_{14},9,0xc33707d6)；

⑪ GG(c,d,a,b,M_3,14,0xf4d50d87)；

⑫ GG(b,c,d,a,M_8,20,0x455a14ed)；

⑬ GG(a,b,c,d,M_{13},5,0xa9e3e905)；

⑭ GG(d,a,b,c,M_2,9,0xfcefa3f8)；

⑮ GG(c,d,a,b,M_7,14,0x676f02d9)；

⑯ GG(b,c,d,a,M_{12},20,0x8d2a4c8a)。

(3) 第 3 个非线性轮函数由进行以下的 16 步操作(HH 操作)来完成：

① HH(a,b,c,d,M_5,4,0xfffa3942)；

② HH(d,a,b,c,M_8,11,0x8771f681)；

③ HH(c,d,a,b,M_{11},16,0x6d9d6122)；

④ HH(b,c,d,a,M_{14},23,0xfde5380c)；

⑤ HH(a,b,c,d,M_1,4,0xa4beea44)；

⑥ HH(d,a,b,c,M_4,11,0x4bdecfa9)；

⑦ HH(c,d,a,b,M_7,16,0xf6bb4b60)；

⑧ HH(b,c,d,a,M_{10},23,0xbebfbc70)；

⑨ HH(a,b,c,d,M_{13},4,0x289b7ec6)；

⑩ HH(d,a,b,c,M_0,11,0xeaa127fa)；

⑪ HH(c,d,a,b,M_3,16,0xd4ef3085)；

⑫ HH(b,c,d,a,M_6,23,0x04881d05)；

⑬ HH(a,b,c,d,M_9,4,0xd9d4d039)；

⑭ HH(d,a,b,c,M_{12},11,0xe6db99e5)；

⑮ HH(c,d,a,b,M_{15},16,0x1fa27cf8)；

⑯ HH(b,c,d,a,M_2,23,0xc4ac5665)。

(4) 第 4 个非线性轮函数由进行以下的 16 步操作(II 操作)来完成：

① II(a,b,c,d,M_0,6,0xf4292244)；

② II(d,a,b,c,M_7,10,0x432aff97)；

③ II(c,d,a,b,M_{14},15,0xab9423a7)；

④ II(b,c,d,a,M_5,21,0xfc93a039)；

⑤ II(a,b,c,d,M_{12},6,0x655b59c3)；

⑥ II(d,a,b,c,M_3,10,0x8f0ccc92)；

⑦ II(c,d,a,b,M_{10},15,0xffeff47d)；

⑧ II(b,c,d,a,M_1,21,0x85845dd1)；

⑨ II(a,b,c,d,M_8,6,0x6fa87e4f)；

⑩ II(d,a,b,c,M_{15},10,0xfe2ce6e0)；

⑪ II(c,d,a,b,M_6,15,0xa3014314)；

⑫ II(b,c,d,a,M_{13},21,0x4e0811a1)；

⑬ II(a,b,c,d,M_4,6,0xf7537e82)；

⑭ II(d,a,b,c,M_{11},10,0xbd3af235)；

⑮ II(c,d,a,b,M_2,15,0x2ad7d2bb)；

⑯ II(b,c,d,a,M_9,21,0xeb86d391)。

常数 t_i 可以如下选择：在第 i 步中，t_i 是 $2^{32}\text{abs}[\sin(i)]$的整数部分，$i$ 的单位是弧度。

所有这些完成之后，将 A,B,C,D 分别加上 a,b,c,d。然后用下一分组数据继续运行算法，最后的输出是 A,B,C 和 D 的级联。

4.2.3　MD5 相对 MD4 所作的改进

通过比较，MD5 相对 MD4 所作的改进主要有以下几点：

(1) 增加了第4轮；

(2) 每一步均有唯一的加法常数；

(3) 为减弱第2轮中函数 G 的对称性从$(X\&Y)|(X\&Z)|(Y\&Z)$变为$(X\&Z)|(Y\&(\sim Z))$；

(4) 第1步加上了上一步的结果，这将引起更快的雪崩效应；

(5) 改变了第2轮和第3轮中访问消息子分组的次序，使其更不相似；

(6) 近似优化了每一轮中的循环左移位移量以实现更快的雪崩效应，各轮的位移量互不相同。

4.2.4　关于 MD5 和 SHA-1 安全性的最新进展

2004年，山东大学王小云教授攻破了 MD5 算法，引起密码学界的轩然大波。

MD5 的全称是 Message-Digest Algorithm 5(信息-摘要算法)，在20世纪90年代初由 MIT Laboratory for Computer Science 和 RSA Data Security Inc 的 Ronald L. Rivest 开发出来，经 MD2、MD3 和 MD4 发展而来。

2004年8月17日的美国加州圣巴巴拉召开的国际密码学会议(Crypto'2004)安排了三场关于杂凑函数的特别报告。在国际著名密码学家 Eli Biham 和 Antoine Joux 相继做了对 SHA-1 的分析与给出 SHA-0 的一个碰撞之后，来自山东大学的王小云教授做了破译 MD5、HAVAL-128、MD4 和 RIPEMD 算法的报告。王小云教授的报告轰动了全场，得到了与会专家的赞叹。

不久，密码学家 Lenstra 利用王小云提供的 MD5 碰撞，伪造了符合 X.509 标准的数字证书，这就说明了 MD5 的破译已经不仅仅是理论破译结果，而是可以导致实际的攻击，MD5 的撤出迫在眉睫。

安全散列算法1(SHA-1)是由 NSA 设计的，并由 NIST 将其收录到 FIPS 中，作为散列数据的标准。它可产生一个 160 bit 的散列值。SHA-1 是流行的用于创建数字签名的单向散列算法。

在 MD5 被以王小云为代表的中国专家破译之后，世界密码学界仍然认为 SHA-1 是安全的。2005 年 2 月 7 日，美国国家标准技术研究院发表申明，SHA-1 没有被攻破，并且没有足够的理由怀疑它会很快被攻破。而仅仅在一周之后，王小云就发布了消息，说明了 SHA-1 算法寻找一对碰撞的复杂度是 2^{69}，而不是密码学家以前认为的 2^{80}。

如何理解这个结果呢？在很多报道中，包括山东大学的网站上，都说 SHA-1 被攻破了。王小云教授在论文中讲到："对于 SHA-0，这种攻击很有效，我们能够在不超过 2^{39} 次散列算法操作中找到实际的碰撞。我们也对弱化到 58 步的 SHA-1 进行了攻击，并在不超过 2^{33} 次散列算法操作中找到了实际的碰撞。"

"SHA-0 和 58 步的 SHA-1 是作为 80 步完整 SHA-1 的简化版，用来验证我们的新方法的效率的。此外，我们的分析表明，减弱到 70 步的 SHA-1 的碰撞复杂度是 2^{50} 次散列算法操作。基于这个估计，我们期望在现在的超级计算机上能找到 70 步 SHA-1 的真实碰撞。"

所以，严格来说应该这样理解：这个结果把攻破 SHA-1 的计算量降低了 2 000 倍（2^{11}）。在某些情况下，SHA-1 似乎走到了不安全的边缘。

MD5 被攻破了，SHA-1 也不那么安全了，怎么办呢？现在看来，还有 SHA-256 和 SHA-512 等算法可用。密码学家也在研究新的散列算法。

4.3 散列算法的典型应用

散列算法在信息安全方面的应用主要体现在以下几个方面。

4.3.1 用 MD5 校验和实现文件完整性保护

通常大家比较熟悉的校验算法有奇偶校验和 CRC 校验，这两种校验并没有抗数据篡改的能力，它们一定程度上能检测并纠正数据传输中的信道误码，但却不能防止对数据的恶意破坏。

MD5 散列算法的"数字指纹"特性，使它成为目前应用最广泛的一种文件完整性（也称校验和，Checksum）算法。不少 Unix 系统有提供计算 MD5 校验和的命令。例如，在 Unix 下有很多软件在下载的时候都有一个文件名相同，扩展名为 MD5 的文件，在这个文件中通常只有一行文本，大致结构如：

md5 (tanajiya. tar. gz)=0ca175b9c0f726a831d895e269332461

这就是 tanajiya. tar. gz 文件的数字签名或 MD5 校验和，它常被用在下面的两种情况中。

① 第一是文件传送后的校验，将得到的目标文件计算 MD5 校验和，与源文件的 MD5 校验和比对，由两者 MD5 校验和的一致性，可以从统计上保证两个文件的每一个码元也是完全相同的。这可以检验文件传输过程中是否出现错误，更重要的是可以保证文件在传输过程中未被恶意篡改。一个很典型的应用是 FTP 服务，用户可以用来保证多次断点续传，特别是从镜像站点下载的文件的正确性。

② 更出色的解决方法是用 MD5 来防止文件作者的"抵赖"，即所谓的代码签名。文件的提供者在提供文件的同时，提供对文件散列值用自己的代码签名密钥进行数字签名的值，及自己的代码签名证书。文件的接受者不仅能验证文件的完整性，还可以依据自己对证书签发者和证书拥有者的信任程度，决定是否接受该文件。浏览器在下载运行插件和 Java 小程序时，使用的就是这样的模式。

4.3.2 文件系统完整性保护

散列算法技术的第二个作用是保存二进制文件系统的数字指纹，以便检测文件系统是否未经允许的被修改。不少系统管理/系统安全软件都提供这一文件系统完整性评估的功能，在系统初始安装完毕后，建立对文件系统的基础校验和数据库，因为散列校验和的长度很小，它们可以方便地被存放在容量很小的存储介质上。此后，可以定期或根据需要，再次计算文件系统的校验和，一旦发现与原来保存的值有不匹配，说明该文件已经被非法修改，或者是被病毒感染，或者被木马程序替代。TripWire就提供了一个此类应用的典型例子。

更完美的方法是使用“MAC”。“MAC”是一个与散列算法密切相关的名词，即信息鉴别码(Message Authority Code)。它是与密钥相关的散列值，必须拥有该密钥才能检验该散列值。文件系统的数字指纹也许会被保存在不可信任的介质上，只对拥有该密钥者提供可鉴别性。并且在文件的数字指纹有可能需要被修改的情况下，只有密钥的拥有者可以计算出新的散列值，而企图破坏文件完整性者却不能得逞。

4.3.3 身份鉴别

散列算法还广泛用于用户的身份鉴别上。例如在Unix系统中用户的密码就是经MD5(或其他类似的算法)加密后存储在文件系统中。当用户登录的时候，系统把用户输入的密码计算成MD5值，然后再去和保存在文件系统中的MD5值进行比较，进而确定输入的密码是否正确。通过这样的步骤，系统在并不知道用户密码的明码的情况下就可以确定用户登录系统的合法性。这不但可以避免用户的密码被具有系统管理员权限的用户知道，而且还在一定程度上增加了密码被破解的难度。

在传输信道可被侦听，但不可被篡改的情况下，这是一种简单而安全的方法，称作身份鉴别协议又称“挑战-认证模式”。

需要进行身份鉴别的一方(鉴定方)，向将被鉴别的一方(示证方)发送随机串(“挑战”)，被鉴别方将该随机串和自己的鉴别口令字一起进行散列运算后，返还鉴别方，鉴别方将收到的散列值与在已端用该随机串和对方的口令字进行散列运算的结果相比较(“认证”)，如相同，则可在认为对方拥有该口令字，即通过身份鉴别。

POP3协议中就有这一应用的典型例子：

S：+OK POP3 server ready <1896.697170952@dbc.mtview.ca.us>

C：APOP mrose c4c9334bac560ecc979e58001b3e22fb

S：+OK maildrop has 1 message (369 octets)

在上面的一段POP3协议会话中，双方都共享的对称密钥(身份鉴别口令字)是tanstaaf，服务器发出的挑战是<1896.697170952@dbc.mtview.ca.us>，客户端对挑战的应答是

MD5(“<1896.697170952@dbc.mtview.ca.us>tanstaaf”)=c4c9334bac560ecc979e58001b3e22fb

这个正确的应答使其通过了认证。

4.3.4 网页自动恢复系统

网页保护系统是一种专门对页面进行保护的系统。其基本任务是利用数字签名技术，

在页面文件被篡改后，能够及时发现、产生报警、自动恢复。在此基础上还可以添加更完善的功能，如产生日志信息、文件自动上传、远程管理等。为完成基本保护任务，从功能上将系统分为 3 部分：备份端，监控端，控制端。其基本模型如图 4-4 所示。

(1) 备份端。保存被保护对象的备份，等待来自监控端的连接，响应监控端的请求(包括备份文件、恢复文件、删除文件)。

(2) 监控端。对被保护对象进行一致性检查，如果发现被保护目录下被非法添加了文件、被保护目录或文件被非法删除、内容被非法篡改，那么就对非法添加的文件进行删除，对非法删除、非法篡改的文件进行恢复。其关键技术是重新计算文件的消息摘要，与原始摘要值进行对比，以发现对被保护对象的篡改。

(3) 控制端。与监控端建立连接，准确实时地获取并显示监控信息；发送监控命令(如开始、停止监控，初始化数据库，终止上传状态)；进行日志操作；获取报警信息。

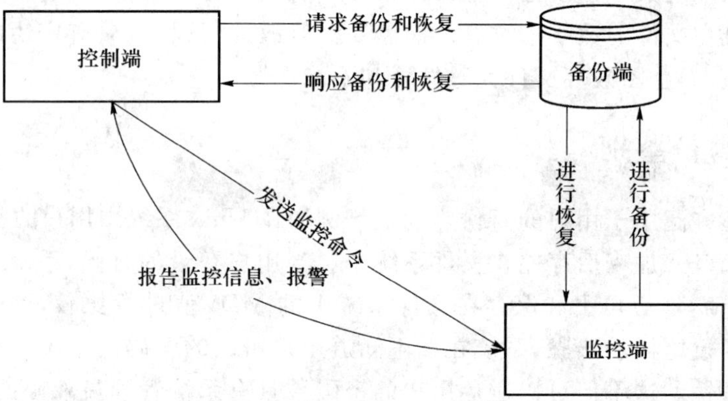

图 4-4　网页自动保护系统模型

4.4 本章小结

保密和认证是密码技术应用的两个不同方面。认证的目的在于防止攻击者对消息的非法篡改，也在于对消息源的识别。保密不能自动地提供认证功能，反过来，认证也不能自动地提供保密性。本章介绍了散列算法的安全性要求及常用的散列算法，并介绍了一些通过散列算法来实现认证的典型方法。

4.5 本章练习

一、填空题

1. 对消息认证包括两方面的含义，其一是指________，其二是指________。

2. 保密和认证同属密码技术应用问题。认证________自动地提供保密性，保密________自动地提供认证功能。

3. 散列函数(也称散列算法)提供了这样一种服务：它对________长度的输入消息，产生________长度的输出。

4. 最常用的散列函数的构造方式是________结构，简称为 MD 方式。

二、选择题

1. “消息摘要”(也称为“数字指纹”)是指(　　)。

A. 一种基于特定算法的文件，其内容和长度以及文件有关

B. 一种和特定文件相关的数据，由指定文件可以生成这些数据

C. 一种由特定文件得出的不可能由其他文件得出的数据

D. 一种由特定文件得出的或者是文件略做调整后可以得出的数据

2. 下面(　　)加密算法属于对称加密算法。

A. RSA　　B. SHA　　C. DES　　D. MD5

三、简答题

1. 简述对消息进行认证的一般方法。

2. 简述散列算法的安全要求。

3. 列举常见的散列算法。

4. 简述 MD 方式构造散列算法的一般过程。

5. 举例说明为什么保密性不能自动提供认证性，反之亦然。

四、实训题

1. 用 MD5 算法进行完整性检查

本练习实现用 MD5 算法对消息和文件产生摘要。读者需要使用 VC++创建一个名为 MD5Application 的工程，在该工程中添加 MD5 算法的源代码文件，并通过调用算法的接口函数对指定消息或文件进行散列算法操作。

(1) 实现过程

依照前面的例子，创建一个“Dialog based”的工程 MD5Application，其 IDD_MD5APPLICATION_DIALOG 的界面设置如题图 4-1 所示。

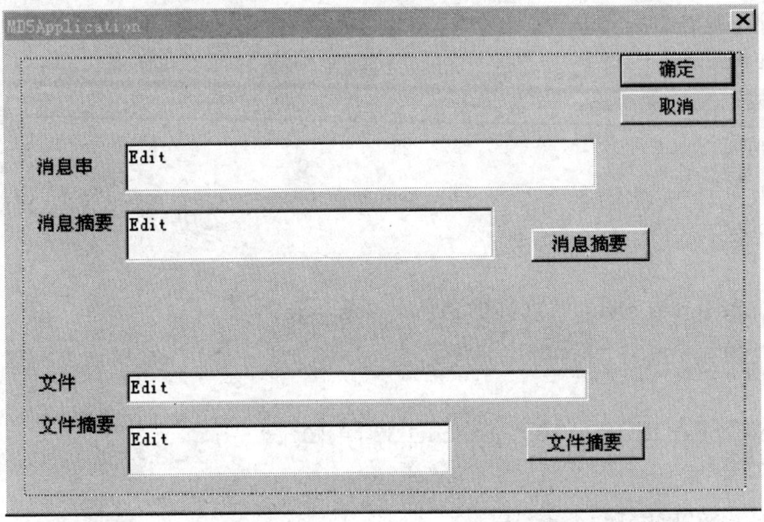

题图 4-1　MD5 应用的界面设置

将题图 4-1 中自上而下的 4 个 Edit 控件的 ID 分别设置为：IDC_EDITMESSAGE、IDC_EDITMSGDEGEST、IDC_EDITFILE 和 IDC_EDITFILEDEGEST，将两按钮的 ID 号分别设为 IDC_MSGDEGEST 和 IDC_FILEDEGEST。

分别为以上的 4 个编辑控件设置 4 个成员变量，分别为 m_Messgae、m_MsgDegest m_FileName 和 m_FileDegest，如题图 4-2 所示。

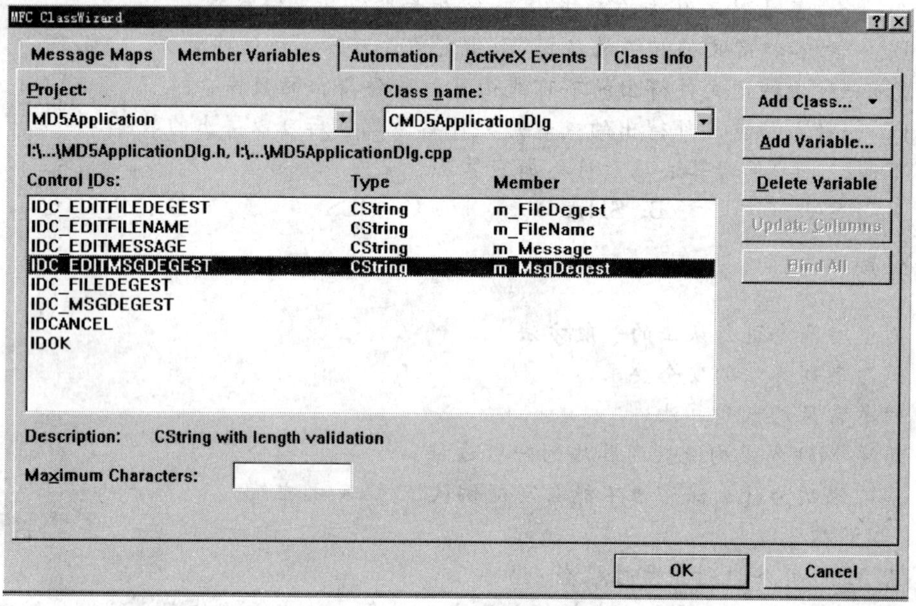

题图 4-2　MD5 应用的变量设置

在"Class Wizard"中分别为 IDC_MSGDEGEST 和 IDC_FILEDEGEST 控件增加处理 BN_CLICKED 的函数 OnMsgdegest ()和 OnFiledegest ()。代码如下：

```
void CMD5ApplicationDlg::OnMsgdegest()
{
    // TODO: Add your control notification handler code here
    MD5_CTX context;
    unsigned char * Msg;
    int len;

    UpdateData(TRUE);

    Msg = (unsigned char * )(LPCTSTR)m_Message;
    len = m_Message.GetLength();

    unsigned char digest[16], hexout[33] = {0};

    MD5Init (&context);
    MD5Update (&context, Msg, len);
```

```
    MD5Final (digest, &context);
    HexToChar(digest, hexout, 16);
    m_MsgDegest = hexout;
    UpdateData(FALSE);
}

void CMD5ApplicationDlg::OnFiledegest()
{
    // TODO: Add your control notification handler code here
    FILE *file;
    MD5_CTX context;
    int len;
    unsigned char buffer[1024], digest[16], hexout[33] = {0};
    char * filename;

    UpdateData(TRUE);

    filename = (char *)(LPCTSTR)m_FileName;

    if ((file = fopen (filename, "rb")) == NULL)
    {
        AfxMessageBox("错误,不能打开文件!");
    }
    else
    {
        MD5Init (&context);
        while (len = fread (buffer, 1, 1024, file))
        {
        MD5Update (&context, buffer, len);
        }
        MD5Final (digest, &context);

        fclose (file);
        HexToChar(digest, hexout, 16);
        m_FileDegest = hexout;
        UpdateData(FALSE);
    }
}
```

打开 MD5ApplicationDlg.h,在 MD5ApplicationDlg 类定义前添加如下的代码:

```
#include "global.h"
```

```
extern "C" void MD5Init (MD5_CTX * );
extern "C" void MD5Update (MD5_CTX * , unsigned char * , unsigned int);
extern "C" void MD5Final (unsigned char [16], MD5_CTX * );
extern "C" void HexToChar(unsigned char * bufin,unsigned char * bufout,int len);
```

将本书提供的源代码目录中的 MD5 算法的源代码文件 MD5C. C、GLOBAL. H 和 MD5. H 复制到 MD5Application 工程所在的目录，并将上述 3 个源代码文件添加到 source files。

右击 Workspace 并选中 Setting 菜单项，选中 C/C++页，在下方的“Category”选择“Precompiled Headers”，在下方的单项选择框中选择“Automatic use of precompiled headers”，如题图 4-3 所示，单击“OK”按钮。

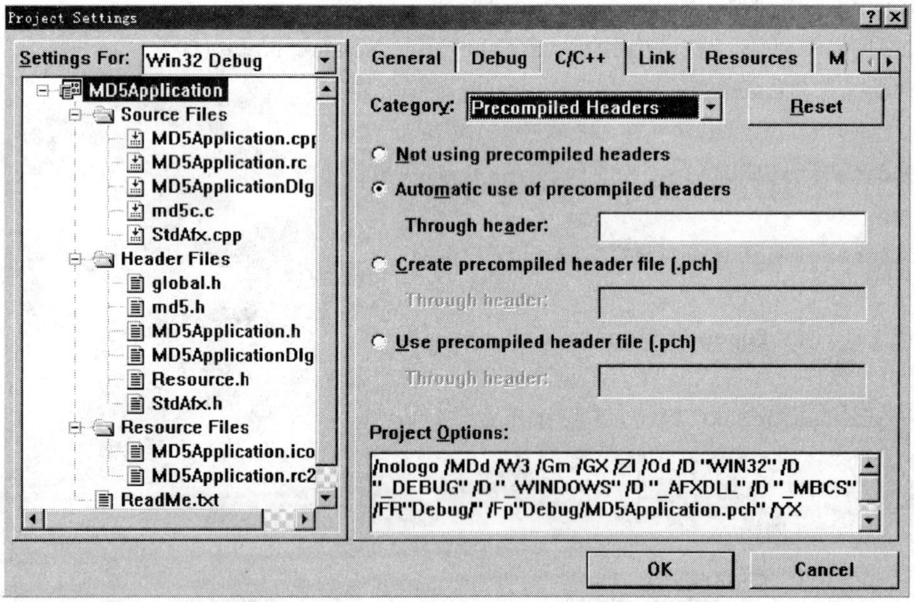

题图 4-3　MD5 应用的预编译设置

（2）运行检验

编译并运行 MD5Application 工程，先在编辑框“消息串”中输入一串消息，单击“消息摘要”按钮，观察在“消息摘要”编辑框中显示的摘要值。然后再在编辑框“文件”中输入“ReadMe. txt”，单击“文件摘要”按钮，观察在编辑框“文件摘要”中的文件的摘要值。

修改密文文件 ReadMe. txt 中间一个字节的内容，再次单击“文件摘要”按钮，可以看到摘要值有所改变。这种方法可用来检查文件是否被篡改过。

（3）小结

MD5 是一个很常用的散列函数（其安全性已经被攻破，因此在实际应用中应考虑更为安全的散列函数）。通过本实验的实践，用户可以了解到散列函数的使用特点，理解如何用摘要值来检查一个消息或文件是否被篡改过。

2. 依照前一题的做法，用 SHA-1 算法进行完整性检查。

第5章 数字签名

学习目标

* 了解数字签名的概念及其安全性要求。
* 理解数字签名的一般过程和工作机制。
* 理解用 RSA 算法和 ElGamal 算法实现数字签名的原理。
* 了解用椭圆曲线算法实现软件版权保护的原理。

5.1 数字签名

5.1.1 基本概念

政治、军事、外交等活动中签署文件，商业上签定契约和合同以及日常生活中在书信、从银行取款等事务中的签字，传统上都采用手写签名或印鉴。签名起到认证、核准和生效作用。随着信息时代的来临，人们希望通过数字通信网络进行远距离的贸易合同的签名，数字签名应运而生，并开始用于商业通信系统，如电子邮递、电子转账、办公室自动化等系统中。

数字签名使得信息的接收者能够验证信息来源的真实性，还能够验证信息是否完整。因此，公钥数字签名可以提供身份验证和数据完整性保证。数字签名还提供了不可抵赖的特性，该特性能够保证信息的发送者无法否认自己确实发送了这个信息。这些特性如同加密功能一样是整个密码系统的最基本功能。

数字签名的目的和手写签名一样。数字签名和手写签名相比的优势在于它几乎不可能被仿造，而且它在确认签名者身份的同时还能保证信息内容的完整性。

有些人使用数字签名多于使用加密。例如，客户可能不在意任何人知道他往自己的银行户头存进 1 000 元钱，但是客户必须确保自己在和银行的出纳员打交道，而不是其他任何人。

数字签名和加密的基本工作模式很类似，只不过在签名时用用户自己的私钥加密而不是用别人的公钥。如果信息可以用一个用户的公钥解密，那就能确定信息是由该用户发出的。

5.1.2 数字签名的工作机制

散列算法是现代密码体系中的一个重要组成部分。由于非对称加密算法的运算速度较慢，所以在数字签名协议中，散列函数扮演了一个重要的角色。

在这种签名协议中，双方必须事先协商好双方都支持的散列函数和签名算法。

签名方先计算该数据文件的散列值，然后再对很短的散列值结果(如 MD5 是 16 B，SHA-1 是 20 B)，用非对称加密算法进行数字签名操作。对方在验证签名时，也是先对该数据文件进行计算其散列值，然后再用非对称加密算法验证数字签名。

对散列值(又称“数字摘要”)进行数字签名，在统计上可以认为与对文件本身进行数字签名是等效的。而且这样的协议还有其他的优点。

首先，数据文件本身可以同它的散列值分开保存，签名验证也可以脱离数据文件本身的存在而进行。

再者，有些情况下签名密钥可能与解密密钥是同一个，也就是说，如果对一个数据文件签名，与对其进行非对称的解密操作是相同的操作，这是相当危险的。例如，攻击者可能将一个试图将其解密的文件，充当一个要求签名的文件发送给合法的用户，来骗取用户对一个加密消息进行解密。因此，在对任何数据文件进行数字签名时，只有对其散列值进行签名才是安全的。

5.2 数字签名的实现技术

数字签名技术是基于公钥加密算法的。一个数字签名算法主要由两个算法组成，即签名算法和验证算法。签名者能使用一个(秘密)签名算法签一个消息，所得的签名能通过一个公开的验证算法来验证。给定一个签名，验证算法根据签名是否真实来作出一个“真”或“假”的回答。用户 A 使用一个签名算法对消息进行签名和用户 B 验证签名的过程可描述为：

(1) 用户 A 首先使用他的私钥对 x 进行签名得 y；

(2) 用户 A 然后将(x,y) 发送给用户 B；

(3) 最后用户 B 用用户 A 的公钥验证用户 A 的签名 y 的合法性。

一个安全的数字签名方案至少就满足以下 3 个条件：

(1) 签名者事后不能否认自己的签名；

(2) 接收者能验证签名，而任何其他人都不能伪造签名；

(3) 当双方关于签名的真伪发生争执时，一个仲裁人(法官)或第三方能解决双方之间发生的争执。

5.2.1 利用 RSA 算法实现数字签名

利用 RSA 进行数字签名的过程与加密的过程类似，主要有以下步骤：

1. 密钥选择

密钥选择过程与 RSA 加密系统的密钥建立过程相同。

假设用户A的公钥是(n, e)，其中$n=pq$，其中p和q是大素数，e是与$(p-1)(q-1)$互素的整数。d满足$ed=1 \bmod n$。用户A将公开模数n和公钥e，而将p,q与私钥d严格保密。

2. 签名算法

假设用户A对数据$M\in \mathbf{Z}_n^*$进行签名，定义

$$S=\mathrm{Sig}_d(M)=M^d \bmod n$$

为对消息M的签名。

3. 验证算法

假设用户B需要验证用户A对数据M的签名S，用户B计算$M'=S^e \bmod n$并判断M'是否等于M，如果$M'=M$，则说明签名S确实是用户A所产生的，否则，签名S可能是由攻击者伪造生成的。

完整的验证算法可以表述如下：

如果

$$M=S^d \bmod n$$

为真，则

$$\mathrm{Ver}(M,S)=\mathrm{true}$$

否则

$$\mathrm{Ver}(M,S)=\mathrm{false}$$

显然，由于只有签名者知道d，由RSA体制知，其他人不能伪造签名，但可以易于证实所给的签名S是否是某个消息M的合法签名。由前面的知识可知，RSA签名体制的安全必依赖于大整数因子分解的困难性。

在实际签名过程中，可能要先对消息进行散列变换，以压缩消息的长度，然后对压缩后的消息摘要进行签名，从而简化计算模指数运算。

5.2.2 利用ElGamal算法实现数字签名

基于ElGamal算法的数字签名体制由T. ElGamal在1985年给出，其修正形式已被美国NIST作为数据签名标准(Digital Signature Standard,DSS)。

ElGamal算法用于数字签名的工作原理和步骤如下。

1. 体制参数

p是一个大素数，可使Z_p^*中求解离散对数为困难问题；g是Z_p^*中的一个生成元。x是用户私钥，则

$$y=g^x(\bmod p)$$

其中，p, g, y为用户公钥，x是用户私钥。

2. 签名过程

设被签信息为M，发送方进行下述工作：

(1) 首先选择一个随机数k，k与$p-1$互素；

(2) 计算$a=g^k(\bmod p)$；

(3) 再用扩展欧几里得(Euclid)算法对下面方程求解b：

$$M = xa + kb \pmod{p-1}$$

消息 M 的签名就是(a, b),随机数 k 须丢弃。

3. 验证过程

接收者收到消息 M 及签名(a, b)时要验证下式是否成立:

$$y^a a^b = g^M \pmod{p}$$

这是因为

$$y^a a^b = g^{xa} g^{kb} = g^{xa+kb} \pmod{p}$$

在具体的检验过程中,还一定要检验是否满足 $1 \leqslant a < p$,否则签名容易伪造。

ElGamal 签名的安全性依赖于乘法群 F_p^* 上的离散对数计算。素数 p 必须足够大,且 $p-1$ 至少包含一个大素数因子。因为要抵抗 Pohlig & Hellman 算法的攻击,M 一般都应采用信息的散列值(如 SHA 算法)。ElGamal 的安全性主要依赖于 p 和 g,若选取不当则签名容易伪造,应保证 g 对于 $p-1$ 的大素数因子不可约。

上面所描述的数字签名系统有一些问题。它的速度非常慢,而且会生成大量的数据,至少是原始信息的两倍。实用系统中,在处理过程中常引入一种单向散列函数来提高性能。单向散列函数可以接受可变长度的输入而产生固定长度的输出,如 160 bit。散列函数保证,信息不管以什么方式改变了(甚至只有 1 位变化),输出的结果会完全不同。

PGP 对用户签名的明文使用一种强散列函数来产生一个消息摘要(Message Digest),然后 PGP 使用摘要和私钥来创建"签名"。PGP 将签名和明文一同传输。接收者一旦收到消息,就可以用 PGP 来重新计算摘要(并用发送者的公钥来解密签名得到原始摘要),据此接收者就可以验证签名。PGP 对明文可以加密也可以不加密。对明文签名有时也很有用处,例如接收者可能没有兴趣或者没有能力来验证签名。这时他直接看明文就可以了。

5.2.3 利用椭圆曲线算法实现数字签名

下面的 ECC 数字签名方案是基于 IEEE P1363 标准草案给出的具体过程。假设用户 A 向用户 B 发送信息 M 并进行签名。

1. 用户 A 方的过程

(1) 确定安全散列函数,定义椭圆曲线也就是确定参数 $T=(p,a,b,G,n,h)$;

(2) 建立密钥对(d,Q),其中 d 是私钥,$Q=dG$ 是公钥;

(3) 向用户 B 发送散列函数,椭圆曲线参数和公钥 Q;

(4) 进行签名操作:

① 选择一个随机或伪随机数 K,$1<K<n-1$;

② 计算 $KG=(X_1,Y_1)$,$r=X_1 \bmod n$,若 $r=0$,则转①;

③ 计算 $K^{-1} \bmod n$,$h=\mathrm{Hash}(M)$,其中 M 是明文;

④ 计算 $S=K^{-1}(h+dr) \pmod{n}$,若 $S=0$ 则转①;

(5) 输出签名(r,S)。

2. 用户 B 方的过程

用户 B 收到用户 A 发过来的明文 M 和签名(r,S)后,做如下操作:

(1) 验证 r 和 S 是$[1,n-1]$间的整数;

(2) 计算 $H=\mathrm{Hash}(M)$,$W=S^{-1} \pmod{n}$;

(3) $U_1 = HW(\bmod n)$，$U_2 = rW(\bmod n)$；

(4) 计算 $X = U_1G + U_2Q = (X_1, Y_1)$，令 $V = X_1 \bmod n$；

(5) 如果 $r = V$ 则接受签名。

5.3 数字签名的应用案例

5.3.1 椭圆曲线算法在软件保护中的应用

将公钥加密算法作为软件注册算法的好处是破译者很难通过跟踪验证算法得到注册机。下面简单介绍一种利用 $F_p(a,b)$ 椭圆曲线进行软件注册的方法。

制作注册机方法(也可称为签名过程)如下：

(1) 选择一条椭圆曲线 $E_p(a,b)$ 和基点 G；

(2) 选择私钥 k($k < n$，n 为 G 的阶)，利用基点 G 计算公钥 $K = kG$；

(3) 产生一个随机整数 r($r < n$)，计算点 $R = rG$；

(4) 将用户名和点 R 的坐标值 x，y 作为参数，计算安全散列算法(Secure Hash Algorithm，SHA，类似于 MD5)值，即

$$\text{Hash} = \text{SHA}(\text{username}, x, y)$$

(5) 计算 $\text{sn} \equiv r - \text{Hash} \cdot k \ (\bmod n)$；

(6) 将 sn 和 Hash 作为用户名 username 的序列号。

软件验证过程(软件中存有椭圆曲线 $E_p(a,b)$ 和基点 G，公钥 K)如下：

(1) 从用户输入的序列号中，提取 sn 以及 Hash；

(2) 计算点 $R \equiv \text{sn} \cdot G + \text{Hash} \cdot K \ (\bmod n)$，如果 sn、Hash 正确，其值等于软件作者签名过程中点 $R(x,y)$ 的坐标，因为

$$\text{sn} \equiv r - \text{Hash} \cdot k \ (\bmod n)$$

所以

$$\begin{aligned}
&\text{sn}G + \text{Hash} \cdot K \\
&= (r - \text{Hash} \cdot k)G + \text{Hash} \cdot K \\
&= rG - \text{Hash} \cdot kG + \text{Hash} \cdot K \\
&= rG - \text{Hash} \cdot K + \text{Hash} \cdot K \\
&= rG = R
\end{aligned}$$

(3) 将用户名和点 R 的坐标值 x，y 作为参数，计算 $H = \text{SHA}(\text{username}, x, y)$；

(4) 如果 $H = \text{Hash}$ 则注册成功。如果 $H \neq \text{Hash}$，则注册失败(请思考原因，提示注意点 R 与 Hash 的关联性)。

在签名过程中用到了椭圆曲线 $E_p(a,b)$、基点 G、私钥 k 及随机数 r。而在软件验证用到了椭圆曲线 $E_p(a,b)$、基点 G、公钥 K。破译者要想制作注册机，只能通过软件中的 $E_p(a,b)$、点 G、公钥 K，并利用 $K = kG$ 这个关系获得 k 后，才可以。而求 k 是很困难的。

5.3.2 电子印章

电子印章是将单位或个人的印章图片纳入数字签名的技术。它将实体印章的数字图片与公钥证书结合起来，形成签章证书。再用这个签章证书对文件进行电子签章。其实现原理是将被签的文件与印章图片结合成一个新文件（为了从文件中直观可见到印章），然后对该文件进行签名。

电子印章技术以先进的数字技术模拟传统实物印章，其管理、使用方式符合实物印章的习惯和体验，其加盖的电子文件具有与实物印章加盖的纸张文件相同的外观、相同的有效性和相似的使用方式。电子印章绝不是简单的印章图像加上电子签名，关键在于其使用、管理方式是否符合实物印章的习惯和体验，其加盖的电子文件是否有与纸张文件相同的外观，使用方式与纸张文件有多大程度的相似性。它具有以下几个基本特点：

(1) 在整个使用过程中不涉及证书、CA 等新概念，将电子签名技术完全隐藏在电子印章的后面，使人们光靠日常经验就能使用，无须额外学习理解这些艰深的技术和概念。

(2) 确保印章成为签名有效的表现形式。即当且仅当用电子签名技术验证某份电子文件真实有效时，才正常显示印章。这样不仅需要用电子签名技术对正文数据进行保护，还要对印章进行保护，避免不法分子盗用后在非法的电子文件上显示合法的印章，从而混淆是非。

(3) 一个实物印章只能对应一个电子印章。一方面这样才符合人们日常的使用习惯，另一方面也让领导凭日常经验就知道总共有几个章需要管理，避免出现失控的印章满天飞的情形。

(4) 电子印章必须存储在可移动介质上（如 U 盘）。这样一个存储了电子印章的可移动介质就相当于一个实物印章，可以像保管实物印章一样保管。即使是一个对技术一窍不通的普通办公室人员，也可以像以前那样把章锁在保险柜里，见到领导审批签字后再把相应的章从柜子里拿出来使用，用完后再放回去。

(5) 为了使加盖电子印章后的电子文件与纸张文件有相同的外观等特性，必须采用数字纸张技术。数字纸张技术是用数字技术搭建的符合传统纸张特性的技术平台，它不仅具有强大的版面描述能力，无论多么复杂的版面，只要能画在纸上就都能表现出来，更重要的是具有版面一致性、不可篡改性和不可分割性。例如 Word 尽管功能十分强大，但依然不能保证这一点，有时候发给别人一个 100 页的 Word 文档，对方收到时就变成了 101 页，虽然内容没变，但文字、图形等排版的位置变了。不可篡改性能保证盖章后的文件不被篡改，尽管用常规的电子签名技术也能发现篡改行为，但毕竟不如根本不允许篡改，况且签字盖章后的文件如果还能随便改其中的文字，无论如何也不符合人们通常的习惯的。不可分割性就更有用了，它能保证任何人都不能从盖章后的文件中把章与文件分离，然后再盖到别的文件上。可见，数字纸张技术是电子印章技术的重要基础。

对任何电子印章技术来说，以上 5 点要求是都是必须起码具备的，然后再在此基础上比拼谁更符合传统的习惯和体验。而且电子印章作为一项先进的数字技术，也不能停留在仅仅是模拟传统的签字盖章，还必须提供更可靠的安全性和更加强大的功能，如用章口令、实时挂失、对任意文档格式的支持、与后台数据库的智能衔接等。

5.4 本章小结

数字签名可以提供身份验证和数据完整性保证保护。数字签名还提供了不可抵赖的特性，该特性能够保证信息的发送者无法否认自己确实发送了这个信息。

数据签名通常是由公钥加密技术来实现，常用的数字签名算法有 RSA 算法、ElGamal 算法和椭圆曲线算法。为了提高效率，常常将公钥加密算法与散列函数一起使用。

数字签名技术是信息安全中的一项非常重要的应用技术。

5.5 本章练习

一、填空题

1. 数字签名技术可实现消息的________、________和________等安全性。
2. 数字签名与手写签名相比的优势在于它________，________。
3. 数字签名技术是基于________钥密码体制的。一个数字签名算法主要由________个算法组成，即________算法和________算法。
4. 数字签名的签名过程与公钥加密算法的________过程类似，其验证过程与公钥加密算法的________过程类似。其区别在于用户签名时用________钥，而验证时用________钥，验证的结果是________。

二、选择题

1. 下列叙述中是数字签名功能的是(　　)。
   A. 防止交易中的抵赖行为发生　　B. 防止计算机病毒入侵
   C. 保证数据传输的安全性　　D. 以上都不对
2. 数字签名和手写签名的区别是(　　)。
   A. 前者因消息而异，后者因签名者而异
   B. 前者因签名者而异，后者因消息而异
   C. 前者是 0 和 1 的数字串，后者是模拟图形
   D. 前者是模拟图形，后者是 0 和 1 的数字串
3. 所谓“数字签名”是(　　)。
   A. 一种使用“公钥”加密的身份宣示
   B. 一种使用“私钥”加密的身份宣示
   C. 一种使用“对称密钥”加密的身份宣示
   D. 一种使用“不可逆算法”加密的身份宣示
4. 如果发送者利用自己的私钥对要传送的数据实现加密，接收者以发送者的公钥对数据进行解密，这种技术能够实现(　　)。
   A. 数字签名　　B. 防止篡改　　C. 数据加密　　D. 以上都能实现

5. 用户 A 在网络上向用户 B 发送消息，如果仅需保证数据的完整性，可以采用(　　)。

A. 身份认证技术　B. 信息摘要技术　C. 防火墙技术　D. 加密技术

6. 用户 A 通过计算机网络向用户 B 发消息，表示自己同意签订某个合同，随后用户 A 反悔，不承认自己发过该条消息。为了防止这种情况发生，应采用(　　)。

A. 数字签名技术　B. 消息认证技术

C. 数据加密技术　D. 身份认证技术

三、简答题

1. 简述数字签名的签名和验证的一般过程。

2. 数字签名技术是基于公钥密码体制的密码技术，但公钥加密技术大多有运算效率不高的缺点。为克服这一缺点，应该如何构造实用的签名方案？试给出大概的实现步骤。

3. 简述用 RSA 算法实现数字签名的工作原理。

4. 简述用 ElGamal 算法实现数字签名的工作原理。

5. 简述用椭圆曲线算法实现数字签名的工作原理。

四、实训题

下面也是一种常于软件保护的注册算法，请认真阅读并试回答签名过程与验证过程都用到了哪些参数，Cracker 想制作注册机，应该如何做。

软件作者按如下方法制作注册机(也可称为签名过程)：

(1) 选择一条椭圆曲线 $E_p(a,b)$ 和基点 G；

(2) 选择私钥 $k(k<n)$，利用基点 G 计算公钥 $K=kG$；

(3) 产生一个随机整数 $r(r<n)$，计算点 $R(x,y)=rG$；

(4) 将用户名作为参数，计算 Hash＝SHA(username)；

(5) 计算 $x'=x \pmod n$；

(6) 计算 $\mathrm{sn}\equiv(\mathrm{Hash}+x'k)/r \pmod n$；

(7) 将 sn 和 x' 作为用户名 username 的序列号。

软件验证过程〔软件中存有椭圆曲线 $E_p(a,b)$ 和基点 G，公钥 K〕如下：

(1) 从用户输入的序列号中，提取 sn 以及 x'；

(2) 将用户名作为参数，计算 Hash＝SHA(username)；

(3) 计算 $R=(\mathrm{Hash}\cdot G+x'K)/\mathrm{sn}$，如果 sn、Hash 正确，其值等于软件作者签名过程中点 $R(x,y)$，因为

$$\mathrm{sn}\equiv(\mathrm{Hash}+x'k)/r \pmod n$$

所以

$$\begin{aligned}&(\mathrm{Hash}\cdot G+x'K)/\mathrm{sn}\\&=(\mathrm{Hash}\cdot G+x'K)/[(\mathrm{Hash}+x'k)/r]\\&=(\mathrm{Hash}\cdot G+x'K)/[(\mathrm{Hash}\cdot G+x'kG)/(rG)]\\&=rG[(\mathrm{Hash}\cdot G+x'K)/(\mathrm{Hash}\cdot G+x'K)]\\&=rG=R \pmod p\end{aligned}$$

(4) $v\equiv x \pmod n$

(5) 如果 $v=x'$ 则注册成功。如果 $v\neq x'$，则注册失败。

第6章　PKI技术

学习目标

* 了解PKI技术的服务内容。
* 了解PKI技术的体系结构。
* 了解PKI技术的应用。

6.1　PKI技术概述

PKI是“Public Key Infrastructure”的缩写，意为“公钥基础设施”。简单地说，PKI技术就是利用公钥理论和技术建立的提供信息安全服务的基础设施。公钥体制是目前应用最广泛的一种加密体制，在这一体制中，加密密钥与解密密钥各不相同，发送信息的人利用接收者的公钥发送加密信息，接收者再利用自己专有的私钥进行解密。这种方式既保证了信息的机密性，又能保证信息具有不可抵赖性。

PKI基本可以解决绝大多数网络安全问题，并初步形成了一套完整的解决方案，它是基于公钥理论和技术建立起来的安全体系，是提供信息安全服务的具有普适性的安全基础设施。该体系在统一的安全认证标准和规范基础上提供在线身份认证，是CA认证、数字证书、数字签名以及相关安全应用组件模块的集合。作为一种技术体系，PKI可以作为支持认证、完整性、机密性和不可否认性的技术基础，从技术上解决网上身份认证、信息完整性和抗抵赖等安全问题，为网络应用提供可靠的安全保障。但PKI绝不仅仅涉及技术层面的问题，还涉及电子政务、电子商务以及国家信息化的整体发展战略等多层面问题。PKI作为国家信息化的基础设施，是相关技术、应用、组织、规范和法律法规的总和，是一个宏观体系，其本身就体现了强大的国家实力。PKI的核心是要解决信息网络空间中的信任问题，确定信息网络空间中各种经济、军事和管理行为主体（包括组织和个人）身份的唯一性、真实性和合法性，保护信息网络空间中各种主体的安全利益。

公钥基础设施是信息安全基础设施的一个重要组成部分，是一种普遍适用的网络安全基础设施。PKI是20世纪80年代由美国学者提出来的概念，实际上，授权管理基础设施、可信时间戳服务系统、安全保密管理系统、统一的安全电子政务平台等的构筑都离不开它的支持。数字证书认证中心CA、审核注册中心（Registration Authority，RA）、密钥管理中心

(Key Manager,KM)都是组成PKI的关键组件。作为提供信息安全服务的公共基础设施，PKI是目前公认的保障网络社会安全的最佳体系。在我国，PKI建设在几年前就已开始启动，截至目前，金融、政府、电信等部门已经建立了30多家CA认证中心。如何推广PKI应用，加强系统之间、部门之间、国家之间PKI体系的互通互联，已经成为目前PKI建设亟待解决的重要问题。

6.2 PKI技术的安全服务及意义

6.2.1 PKI技术的安全服务

PKI是以公钥技术为基础，以数据的机密性、完整性和不可抵赖性为安全目的而构建的认证、授权、加密等硬件、软件的综合设施。到目前为止，完善并正确实施的PKI系统是全面解决所有网络交易和通信安全问题的最佳途径。根据美国国家标准技术局的描述，在网络通信和网络交易中，特别是在电子政务和电子商务业务中，最需要的安全保证包括4个方面：身份标识和认证、保密或隐私、数据完整性和不可否认性。PKI作为安全基础设施，能为不同的用户按不同安全需求提供多种安全服务。这些服务主要包括认证、密钥管理服务、数据完整性和不可否认性服务、数据保密性服务。

1. 认证

在现实生活中，认证采用的方式通常是两个人事前进行协商，确定一个秘密，然后，依据这个秘密进行相互认证。随着网络的扩大和用户的增加，事前协商秘密会变得非常复杂。另外，在大规模的网络中，两两进行协商几乎是不可能的。透过一个密钥管理中心来协调也会有很大的困难，而且当网络规模巨大时，密钥管理中心甚至有可能成为网络通信的瓶颈。PKI通过证书进行认证。在这里，证书是一个可信的第三方证明，通过它，通信双方可以安全地进行互相认证，而不用担心对方是假冒的。

以甲、乙双方的认证为例，甲首先要验证乙的证书的真伪，当乙在网上将证书传送给甲时，甲首先要用公钥解开证书上CA的数字签名，如果签名通过验证，则证明乙持有的证书是真的；接着甲还要验证乙身份的真伪，乙可以将自己的口令用自己的私钥进行数字签名传送给甲，甲已经从乙的证书中或从证书库中查得了乙的公钥，甲就可以用乙的公钥来验证乙的数字签名。如果该签名通过验证，乙在网上的身份就确凿无疑。

2. 密钥管理服务

通过加密证书，通信双方可以协商一个秘密，而这个秘密可以作为通信加密的密钥。在需要通信时，可以在认证的基础上协商一个密钥。在大规模的网络中，特别是在电子政务中，密钥恢复也是密钥管理的一个重要方面，政府决不希望加密系统被犯罪分子窃取使用。当政府的个别职员背叛或利用加密系统进行反政府活动时，政府可以通过法定的手续解密其通信内容，保护政府的合法权益。PKI能够通过良好的密钥恢复能力，提供可信的、可管理的密钥恢复机制。PKI的普及应用能够保证在全社会范围内提供全面的密钥恢复与管理能力，保证网上活动健康、有序地发展。

3. 数据完整性与不可否认性服务

完整性与不可否认性是PKI提供的最基本的服务。一般来说,完整性也可以通过双方协商一个秘密来解决,但一方有意抵赖时,这种完整性就无法接受第三方的仲裁。而PKI提供的完整性是可以通过第三方仲裁的,并且这种可以由第三方进行仲裁的完整性是通信双方都不可否认的。不可否认性是PKI通过数字签名机制来提供服务的,它既可以提供实体认证,又可以保障被签名数据的完整性。如果敏感数据在传输和处理过程中被篡改,接收方就不会收到完整的数据签名,验证就会失败。反之,如果签名通过了验证,就证明接收方收到的是未经修改的完整数据。当法律许可时,该"不可否认性"可以作为法律依据(美国等一些国家已经颁布数字签名法)。正确使用时,PKI的安全性应该高于目前使用的纸面图章系统。

4. 数据保密性服务

PKI的保密性服务采用了"数字信封"机制,即发送方先产生一个对称密钥,并用该对称密钥加密敏感数据。同时,发送方还用接收方的公钥加密对称密钥,就像把它装入一个"数字信封"。然后,把被加密的对称密钥("数字信封")和被加密的敏感数据一起传送给接收方。接收方用自己的私钥拆开"数字信封",并得到对称密钥,再用对称密钥解开被加密的敏感数据。

完善的PKI系统通过非对称加密算法以及安全的应用设备,基本上解决了网络社会中的绝大部分安全问题(可用性除外)。PKI系统具有这样的能力:它可以将一个无政府的网络社会改造成为一个有政府、有管理和可以追究责任的社会,从而杜绝黑客在网上肆无忌惮的攻击。在一个有限的局域网内,这种改造具有更好的效果。目前,许多网站、电子商务、安全E-mail系统等都已经采用了PKI技术。

6.2.2 PKI技术的意义

1. 通过PKI可以构建一个可管、可控、安全的互联网络

众所周知,传统的互联网是一个无中心的、不可控的、没有质量保证的、"尽力而为"(Best-effort)的网络。但是,由于互联网具有统一的网络层和传输层协议,适合全球互联,且线路利用率高,成本低,安装使用方便等,因此,从它诞生的那一天起,就显示出了强大的生命力,很快地遍布全球。

传统的互联网中,为了解决安全接入的问题,人们采取了"口令字"等措施,但很容易被猜破,难以对抗有组织的集团性攻击。近年来,伴随宽带互联网技术和大规模集成电路技术的飞速发展,公钥加密算法有了其用武之地,加密、解密的开销已不再是其应用的障碍。因此,国际电信联盟(ITU)、国际标准化组织(ISO)、国际电工委员会(IEC)、互联网任务工作组(IETF)等密切合作,制订了一系列的有关PKI的技术标准,通过认证机制,建立证书服务系统,通过证书绑定每个网络实体的公钥,使网络的每个实体均可识别,从而有效地解决了网络上"你是谁"的问题,把宽带互联网在一定的安全域内变成了一个可控、可管、安全的网络。

2. 通过PKI可以在互联网中构建一个完整的授权服务体系

PKI通过对数字证书进行扩展,在公钥证书的基础上,给特定的网络实体签发属性证书,用以表征实体的角色和属性的权力,从而解决了在大规模的网络应用中"你能干什么"的授权问题。这一特点对实施电子政务十分有利。因为电子政务从一定意义上讲，就是把现实的政务模拟到网上来实现。在传统的局域网中，虽然也可以按照不同的级别设置访问权限，但权限最高的往往不是这个部门的主要领导，而是网络的系统管理员，他什么都可以看，什么都可以改，这和政务现实是相左的，也是过去一些领导不敢用办公自动化系统的原因之一。而利用 PKI 可以方便地构建授权服务系统，在需要保守秘密时，可以利用私钥的唯一性，保证有权限的人才能做某件事，其他人包括网络系统管理员也不能做未经授权的事；在需要大家都知道时，有关的人都能用公钥去验证某项批示是否确实出自某位领导之手，从而保证真实可靠，确切无误。

3. 通过 PKI 可以建设一个普适性好、安全性高的统一平台

PKI 遵循了一套完整的国际技术标准，可以对物理层、网络层和应用层进行系统的安全结构设计，构建统一的安全域。同时，它采用了基于扩展 XML 标准的元素级细粒度安全机制，换言之，就是可以在元素级实现签名和加密等功能，而不像传统的“门卫式”安全系统，只要进了门，就可以一览无余。而且，底层的安全中间件在保证为上层用户提供丰富的安全操作接口功能的同时，又能屏蔽掉安全机制中的一些具体的实现细节，因此，对防止非法用户的恶意攻击十分有利。此外，PKI 通过 Java 技术提供了可跨平台移植的应用系统代码，通过 XML 技术提供了可跨平台交换和移植的业务数据，在这样的一个 PKI 平台上，可以方便地建立一站式服务的软件中间平台，十分有利于多种应用系统的整合，从而大大地提高平台的普适性、安全性和可移植性。

6.3 PKI 技术的标准及体系结构

6.3.1 PKI 技术的标准

从整个 PKI 体系建立与发展的历程来看，与 PKI 相关的标准主要包括以下一些。

1. X.209(1988)ASN.1 基本编码规则的规范

ASN.1 是描述在网络上传输信息格式的标准方法。它有两部分：第一部分(ISO 8824/ITU X.208)描述信息内的数据、数据类型及序列格式，也就是数据的语法；第二部分(ISO 8825/ITU X.209)描述如何将各部分数据组成消息，也就是数据的基本编码规则。

ASN.1 原来是作为 X.409 的一部分而开发的，后来才独立地成为一个标准。这两个协议除了在 PKI 体系中被应用外，还被广泛应用于通信和计算机的其他领域。

2. X.500(1993)信息技术之开放系统互联：概念、模型及服务简述

X.500 是一套已经被国际标准化组织(ISO)接受的目录服务系统标准，它定义了一个机构如何在全局范围内共享其名字和与之相关的对象。X.500 是层次性的，其中的管理性域(机构、分支、部门和工作组)可以提供这些域内的用户和资源信息。在 PKI 体系中，X.500被用来唯一标识一个实体，该实体可以是机构、组织、个人或一台服务器。X.500 被认为是实现目录服务的最佳途径，但 X.500 的实现需要较大的投资，并且比其他方式速度慢；而其优势是具有信息模型、多功能和开放性。

3. X.509(1993)信息技术之开放系统互联:鉴别框架

X.509是由国际电信联盟(ITU-T)制订的数字证书标准。在X.500确保用户名称唯一性的基础上,X.509为X.500用户名称提供了通信实体的鉴别(认证)机制,并规定了实体鉴别过程中广泛适用的证书语法和数据接口。

X.509的最初版本公布于1988年。X.509证书由用户公共密钥和用户标识符组成。此外还包括版本号、证书序列号、CA标识符、签名算法标识、签发者名称、证书有效期等信息。这一标准的最新版本是X.509 v3,它定义了包含扩展信息的数字证书。该版数字证书提供了一个扩展信息字段,用来提供更多的灵活性及特殊应用环境下所需的信息传送。

4. PKCS系列标准

由RSA实验室制订的PKCS系列标准,是一套针对PKI体系的加/解密、签名、密钥交换、分发格式及行为标准,该标准目前已经成为PKI体系中不可缺少的一部分。

5. OCSP在线证书状态协议

OCSP(Online Certificate Status Protocol)是IETF颁布的用于检查数字证书在某一交易时刻是否仍然有效的标准。该标准提供给PKI用户一条方便、快捷的数字证书状态查询通道,使PKI体系能够更有效、更安全地在各个领域中被广泛应用。

6. LDAP轻量级目录访问协议

LDAP规范(RFC1487)简化了笨重的X.500目录访问协议,并且在功能性、数据表示、编码和传输方面都进行了相应的修改。1997年,LDAP v3成为互联网标准。目前,LDAP v3已经在PKI体系中被广泛应用于证书信息发布、CRL信息发布、CA政策以及与信息发布相关的各个方面。

除了以上协议外,还有一些构建在PKI体系上的应用协议,这些协议是PKI体系在应用和普及方面的代表作,包括SET协议和SSL协议。目前PKI体系中已经包含了众多的标准和标准协议,由于PKI技术的不断进步和完善,以及其应用的不断普及,将来还会有更多的标准和协议加入。

6.3.2 PKI技术的体系结构

一个标准的PKI系统必须具备以下主要内容。

1. 认证机构——CA(Certificate Authority)

CA是PKI的核心执行机构,是PKI的主要组成部分,业界人士通常称它为认证中心。从广义上讲,认证中心还应该包括证书申请注册机构(Registration Authority,RA),它是数字证书的申请注册、证书签发和管理机构。

CA的主要职责包括以下3个方面。

(1) 验证并标识证书申请者的身份。对证书申请者的信用度、申请证书的目的、身份的真实可靠性等问题进行审查,确保证书与身份绑定的正确性。

(2) 确保CA用于签名证书的非对称密钥的质量和安全性。为了防止被破译,CA用于签名的私钥长度必须足够长并且私钥必须由硬件卡产生,私钥不出卡。

(3) 管理证书信息资料。管理证书序号和CA标识,确保证书主体标识的唯一性,防止证书主体名字的重复。在证书使用中确定并检查证书的有效期,保证不使用过期或已作废的证书,确保网上交易的安全。发布和维护作废证书列表(CRL),因某种原因证书要作废,就必须将其作为“黑名单”发布在证书作废列表中，以供交易时在线查询，防止交易风险。对已签发证书的使用全过程进行监视跟踪，作全程日志记录，以备发生交易争端时，提供公正依据，参与仲裁。

由此可见，CA是保证电子商务、电子政务、网上银行、网上证券等交易的权威性、可信任性和公正性的第三方机构。

2. 证书和证书库

证书是数字证书或电子证书的简称，它符合X.509标准，是网上实体身份的证明。证书是由具备权威性、可信任性和公正性的第三方机构签发的，因此，它是权威性的电子文档。

证书库是CA颁发证书和撤销证书的集中存放地，它是网上的公共信息库，可供公众进行开放式查询。一般来说，查询的目的有两个：其一是想得到与之通信实体的公钥；其二是要验证通信对方的证书是否已进入“黑名单”。证书库支持分布式存放，即可以采用数据库镜像技术，将CA签发的证书中与本组织有关的证书和证书撤销列表存放到本地，以提高证书的查询效率，减少向总目录查询的瓶颈。

一个数字证书由3个部分组成：

(1) 公钥；

(2) 证书信息（用户的身份比如名字、用户ID等）；

(3) 一个或多个数字签名。

3. 密钥备份及恢复

密钥备份及恢复是密钥管理的主要内容，用户由于某些原因将解密数据的密钥丢失，从而使已被加密的密文无法解开。为避免这种情况的发生，PKI提供了密钥备份与密钥恢复机制。当用户证书生成时，加密密钥即被CA备份存储；当需要恢复时，用户只需向CA提出申请，CA就会为用户自动进行恢复。

4. 密钥和证书的更新

一个证书的有效期是有限的，这种规定在理论上是基于当前非对称加密算法和密钥长度的可破译性分析；在实际应用中是由于长期使用同一个密钥有被破译的危险，因此，为了保证安全，证书和密钥必须有一定的更换频度。为此，PKI对已发的证书必须有一个更换措施，这个过程称为密钥更新或证书更新。

证书更新一般由PKI系统自动完成，不需要用户干预。即在用户使用证书的过程中，PKI也会自动到目录服务器中检查证书的有效期，当有效期结束之前，PKI/CA会自动启动更新程序，生成一个新证书来代替旧证书。

5. 证书历史档案

从以上密钥更新的过程不难看出，经过一段时间后，每一个用户都会形成多个旧证书和至少一个当前新证书。这一系列旧证书和相应的私钥就组成了用户密钥和证书的历史档案。记录整个密钥历史是非常重要的。例如，某用户几年前用自己的公钥加密的数据或者其他人用自己的公钥加密的数据无法用现在的私钥解密，那么该用户就必须从他的密钥历史档案中，查找到几年前的私钥来解密数据。

6. 客户端软件

为方便客户操作，解决PKI的应用问题，在客户装有客户端软件，以实现数字签名、加密传输数据等功能。此外，客户端软件还负责在认证过程中，查询证书和相关证书的撤销信息以及进行证书路径处理、对特定文档提供时间戳请求等。

7. 交叉认证

交叉认证就是多个 PKI 域之间实现互操作。交叉认证实现的方法有多种：一种方法是桥接 CA，即用一个第三方 CA 作为桥，将多个 CA 连接起来，成为一个可信任的统一体；另一种方法是多个 CA 的根 CA(RCA)互相签发根证书，这样当不同 PKI 域中的终端用户沿着不同的认证链检验认证到根时，就能达到互相信任的目的。

一般来说，PKI 涉及多个实体之间协商和操作，主要实体包括 CA、RA、终端实体(End Entity)、客户、目录服务器，如图 6-1 所示。

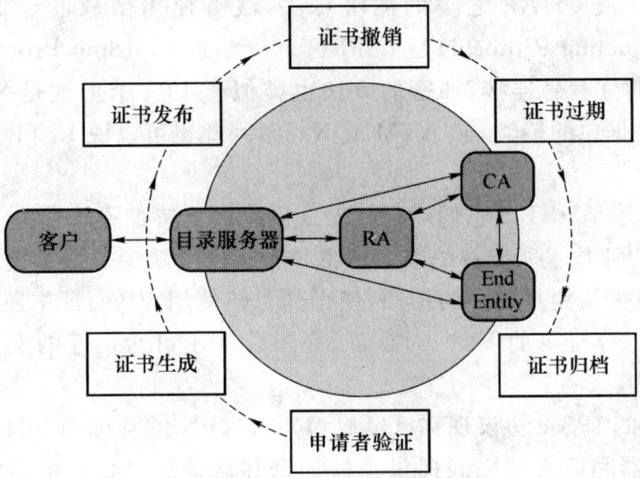

图 6-1　PKI 组成及服务示意图

PKI 各实体功能分别叙述如下。

① CA(Certificate Authority)：证书授权机构，主要进行证书的颁发、废止和更新；认证机构负责签发、管理和撤销一组终端用户的证书。

② RA(Registration Authority)：证书登记权威机构，将公钥和对应的证书持有者的身份和其他属性联系起来，进行注册和担保；RA 可以充当 CA 和它的终端用户之间的中间实体，辅助 CA 来完成其他绝大部分证书处理功能。

③ 证书目录：CA 通常使用一个证书目录，提供证书管理和分发的服务。

④ 实体(End Entity)：实体是指需要认证的对象，如服务器、打印机、E-mail 地址、用户等。

⑤ 客户端(Client)：客户是指需要基于 PKI 安全服务的使用者，包括用户、服务进程等。

6.4　PKI 技术的应用与发展

6.4.1　PKI 技术的应用

1. 虚拟专用网络(VPN)

通常，企业在架构 VPN 时都会利用防火墙和访问控制技术来提高 VPN 的安全性，这只解决了很少一部分问题，而一个现代 VPN 所需要的安全保障，如认证、机密、完整、不可否认以及易用性等都需要采用更完善的安全技术。就技术而言，除了基于防火墙的 VPN 之外，还可以有其他的结构方式，如基于黑盒的 VPN、基于路由器的 VPN、基于远程访问的 VPN 或者基于软件的 VPN。现实中构造的 VPN 往往并不局限于一种单一的结构，而是趋向于采用混合结构方式，以达到最适合具体环境、最理想的效果。在实现上，VPN 的基本思想是采用秘密通信通道，用加密的方法来实现。具体协议一般有 3 种，即 PPTP、L2TP 和 IPSec。

其中，PPTP(Point-to-Point Tunneling Protocol)是点对点的协议，基于拨号使用的 PPP 协议使用 PAP 或 CHAP 之类的加密算法，或者使用微软的点对点加密算法。而 L2TP(Layer 2 Tunneling Protocol)是 L2FP(Layer 2 Forwarding Protocol)和 PPTP 的结合，依赖 PPP 协议建立拨号连接，加密的方法也类似于 PPTP，但这是一个两层的协议，可以支持非 IP 协议数据包的传输，如 ATM 或 X.25，因此也可以说 L2TP 是 PPTP 在实际应用环境中的推广。

无论是 PPTP，还是 L2TP，它们对现代安全需求的支持都不够完善，应用范围也不够广泛。事实上，缺乏 PKI 技术所支持的数字证书，VPN 也就缺少了最重要的安全特性。简单地说，数字证书可以被认为是用户的护照，使得其有权使用 VPN，证书还为用户的活动提供了审计机制。缺乏数字证书的 VPN 对认证、完整性和不可否认性的支持相对而言要差很多。

基于 PKI 技术的 IPSec 协议现在已经成为架构 VPN 的基础，它可以为路由器之间、防火墙之间或者路由器和防火墙之间提供经过加密和认证的通信。虽然它的实现会复杂一些，但其安全性比其他协议都完善得多。由于 IPSec 是 IP 层上的协议，因此很容易在全世界范围内形成一种规范，具有非常好的通用性，而且 IPSec 本身就支持面向未来的协议——IPv6。随着成熟的公钥加密算法越来越多地嵌入到 IPSec 中，相信在未来几年内，该协议会在 VPN 世界里扮演越来越重要的角色。

2. 安全电子邮件

作为因特网上最有效的应用，电子邮件凭借其易用、低成本和高效已经成为现代商业中的一种标准信息交换工具。随着因特网的持续增长，商业机构或政府机构都开始用电子邮件交换一些秘密的或是有商业价值的信息，这就引出了下面一些安全方面的问题：

(1) 消息和附件可以在不为通信双方所知的情况下被读取、篡改或截掉；

(2) 没有办法可以确定一封电子邮件是否真的来自某人，也就是说，发信者的身份可能被人伪造。

前一个问题是安全，后一个问题是信任，正是由于安全和信任的缺乏使得公司、机构一般都不用电子邮件交换关键的商务信息，虽然电子邮件本身有着如此之多的优点。

其实，电子邮件的安全需求也是机密、完整、认证和不可否认，而这些都可以利用 PKI 技术来获得。具体来说，利用数字证书和私钥，用户可以对他所发的邮件进行数字签名，这样就可以获得认证、完整性和不可否认性，如果证书是由其所属公司或某一可信第三方颁发的，收到邮件的人就可以信任该邮件的来源，无论他是否认识发邮件的人；另一方面，在政策和法律允许的情况下，用加密的方法就可以保障信息的保密性。

目前发展很快的安全电子邮件协议是 SMIME（The Secure Multipurpose Internet Mail Extension)，这是一个允许发送加密和有签名邮件的协议。该协议的实现需要依赖于

PKI技术。

3. Web安全

浏览Web页面或许是人们最常用的访问因特网的方式。一般的浏览也许并不会让人产生不妥的感觉，可是当用户填写表单数据时，私人敏感信息是否可能被一些居心叵测的人截获？而如果一个公司要通过Web进行一些商业交易，又如何保证交易的安全呢？

一般来讲，Web上的交易可能带来的安全问题主要有以下4种。

(1) 诈骗——建立网站是一件很容易也花钱不多的事，有人甚至直接复制别人的页面。因此伪装一个商业机构非常简单，然后它就可以让访问者填一份详细的注册资料，还假装保证个人隐私，而实际上就是为了获得访问者的隐私。调查显示，邮件地址和信用卡号的泄露大多是如此这般。

(2) 泄露——当交易的信息在网上"赤裸裸"的传播时，窃听者可以很容易地截取并提取其中的敏感信息。

(3) 篡改——截取了信息的人还可以做一些更"高明"的工作，他可以替换其中某些域的值，如姓名、信用卡号甚至金额，以达到自己的目的。

(4) 攻击——主要是对Web服务器的攻击，如著名的DDoS(分布式拒绝服务攻击)。攻击的发起者可以是心怀恶意的个人，也可以是同行的竞争者。

为了透明地解决Web的安全问题，最合适的入手点是浏览器。现在，无论是Internet Explorer还是Netscape Navigator，都支持SSL(Secure Sockets Layer)协议。这是一个在传输层和应用层之间的安全通信层，在两个实体进行通信之前，先要建立SSL连接，以此实现对应用层透明的安全通信。利用PKI技术，SSL协议允许在浏览器和服务器之间进行加密通信。此外还可以利用数字证书保证通信安全，服务器端和浏览器端分别由可信的第三方颁发数字证书，这样在交易时，双方可以通过数字证书确认对方的身份。需要注意的是，SSL协议本身并不能提供对不可否认性的支持，这部分的工作必须由数字证书完成。

结合SSL协议和数字证书，PKI技术可以保证Web交易多方面的安全需求，使Web上的交易和面对面的交易一样安全。

4. 电子商务的应用

PKI技术是解决电子商务安全问题的关键，综合PKI的各种应用，可以建立一个可信任和足够安全的网络。在通信中，利用数字证书可消除匿名带来的风险，利用加密技术可消除开放网络带来的风险，这样，商业交易就可以安全、可靠地在网上进行。

网上商业行为只是PKI技术目前比较热门的一种应用，必须看到，PKI还是一门处于发展中的技术。例如，除了对身份认证的需求外，现在又提出了对交易时间戳的认证需求。PKI的应用前景也决不仅限于网上的商业行为，事实上，网络生活中的方方面面都有PKI的应用天地，不只在有线网络，甚至在无线通信中，PKI技术都已经得到了广泛的应用。

6.4.2 PKI技术的发展

随着PKI技术应用的不断深入，PKI技术本身也在不断发展与变化，近年来比较重要的变化有以下方面。

1. 属性证书

X.509 v4增加了属性证书的概念。提起属性证书就不能不提起授权管理基础设施

(Privilege Management Infrastructure,PMI)。PMI 授权技术的核心思想是以资源管理为核心,将对资源的访问控制权统一交由授权机构进行管理,即由资源的所有者来进行访问控制管理。

在 PKI 信任技术中,授权证书非常适合于细粒度的、基于角色的访问控制领域。X.509 公钥证书原始的含义非常简单,即为某个人的身份提供不可更改的证据。但是,人们很快发现,在许多应用领域,如电子政务、电子商务应用中,需要的信息远不止是身份信息,尤其是当交易的双方在以前彼此没有过任何关系的时候。在这种情况下,关于一个人的权限或者属性信息远比其身份信息更为重要。为了使附加信息能够保存在证书中,X.509 v4 中引入了公钥证书扩展项,这种证书扩展项可以保存任何类型的附加数据。随后,各个证书系统纷纷引入自己的专有证书扩展项,以满足各自应用的需求。

2. 漫游证书

证书应用的普及自然产生了证书的便携性需要,而到目前,能提供证书和其对应私钥移动性的实际解决方案只有两种。第一种是智能卡技术。在该技术中,公钥/私钥对存放在卡上,但这种方法存在缺陷,如易丢失和损坏,并且依赖读卡器(虽然带 USB 接口的智能密钥不依赖读卡器,但成本太高);第二种是将证书和私钥复制到一张软盘备用,但软盘不仅容易丢失和损坏,而且安全性也较差。

一个新的解决方案就是使用漫游证书,它通过第三方软件提供,只需在任何系统中正确地配置,该软件(或者插件)就可以允许用户访问自己的公钥/私钥对。它的基本原理很简单,即将用户的证书和私钥放在一个安全的中央服务器上,当用户登录到一个本地系统时,从服务器安全地检索出公钥/私钥对,并将其放在本地系统的内存中以备后用,当用户完成工作并从本地系统注销后,该软件自动删除存放在本地系统中的用户证书和私钥。

3. 无线 PKI(WPKI)

随着无线通信技术的广泛应用,无线通信领域的安全问题也引起了广泛的重视。将 PKI 技术直接应用于无线通信领域存在两方面的问题。一方面是无线终端的资源有限(运算能力、存储能力、电源等);另一方面是通信模式不同。为适应这些需求,目前已公布了 WPKI 草案,其内容涉及 WPKI 的运作方式、WPKI 如何与现行的 PKI 服务相结合等。

WPKI 中定义了 3 种不同的通信安全模式,在证书编码方面,WPKI 证书格式想尽量减少常规证书所需的存储量。采用的机制有两种:一种是重新定义一种证书格式,以此减少 X.509 证书尺寸;另一种是采用 ECC 算法,减少证书的尺寸,因为 ECC 密钥的长度比其他算法的密钥要短得多。WPKI 也在 IETF PKIX 证书中限制了一个数据区的尺寸。由于 WPKI 证书是 PKIX 证书的一个分支,还要考虑与标准 PKI 之间的互通性。

目前对 WPKI 技术的研究与应用正处于探索之中,它代表了 PKI 技术发展的一个重要趋势。

6.5 Windows Server 2003 PKI 的证书管理

Windows Server 2003 针对部署公钥基础结构提供了一种灵活且低 TCO (Total Cost of Ownership)的解决方案。由于客户环境的复杂性以及组织要求的不同,Windows Server

2003 证书颁发机构（CA）可能需要更改配置。本节针对 Windows Server 2003 PKI，介绍其基本的管理任务。若想了解详细的使用说明，请参阅 Windows Server 2003 提供的使用白皮书。

6.5.1 添加证书模板

证书模板会根据使用证书的目的配置证书。当从微软证书颁发机构（CA）请求证书时，证书请求者可根据其访问权限从各种基于证书模板的证书类型中进行选择，例如 User 和 Basic EFS。使用证书模板之后，用户便无须再作出有关所需证书类型的低级技术决策。相反地，他们可以依赖管理员的判断并使用表明证书用途的模板名称。如果预设的证书模板均不能满足需求，用户可以创建新的证书模板并进行自定义以实现各种不同的用途。

当用户决定要自己创建新的证书模板时，要注意以下几点：

(1) 除了指定适当的权限以便在 Active Directory 中注册证书模板之外；如果用户希望开始注册此模板，还需要将此模板添加到 CA 可以发行的证书模板的列表中。

(2) 只有 Windows Server 2003 CA 和 Windows 2000 Enterprise CA 才能颁发基于证书模板的证书；独立 CA 无法使用证书模板。

(3) 用户必须是 Enterprise Admins 或 Domain Admins 的成员，否则必须具有足够的权限才能向 Active Directory 中的 Certificate Templates 容器写入。

在证书模板上更改权限以便用户注册，其步骤如下。

(1) 在“Certification Authority”管理单元中，右击“Certificate Templates”节点，然后选择“Manage”。

(2) 双击某个证书模板。

(3) 在“Security”选项卡上，针对 Read 和 Enroll 权限选中 Allow 框。

将证书模板添加到 CA 中的步骤如下。

(1) 在“Certification Authority”管理单元中，右击“Certificate Templates”节点，然后在“New”子菜单上选择“Certificate Template to Issue”。

(2) 选择适当的模板并单击“OK”。

值得注意的是，用户必须是 CA Administrator 才能将模板添加到 CA 中。

6.5.2 委托证书模板管理

虽然大多数与 CA 相关的任务可以通过管理 CA 本身来完成，但是某些任务却通过 Active Directory进行控制，例如证书模板管理。

委托证书模板管理的操作步骤如下。

(1) 在“Certification Authority”管理单元中，右击“Certificate Templates”节点，然后选择“Manage”。

(2) 双击某个证书模板。

(3) 在“Security”选项卡上，针对“Read”和“Enroll”权限选中“Allow”框。

6.5.3 颁发证书

在颁发某一证书之前，证书管理员需要回答一些问题并进行存档。这些问题更多地与如何从操作端(而非技术端)颁发证书相关。

(1) 证书管理员的组织当前是否针对此 CA 使用证书实施细则 (CPS)? 如果是，则请求者是否满足所有的注册要求?

(2) 作为管理员，必须满足哪些针对证书颁发人员(如 Officer)的特殊要求?

(3) 当颁发证书时，必须遵循组织中的哪些书面操作过程(如备份)?

(4) 证书中必须包括哪些未在请求中包括的特殊属性(如 Certificate Policy)?

当回答完这些问题并且满足所有要求之后，作为具有 Certificate Manager (CA Officer) 权限的用户登录来颁发证书，证书管理员按以下步骤进行。

(1) 单击"Certification Authority"管理单元中的"Pending Requests"节点。

(2) 右击"请求"，然后在"All Tasks"子菜单上选择"Issue"。

如果其中一个要求没有满足，证书管理员既可以确保满足这些要求(例如使用户提供更多的身份验证信息)然后颁发证书，也可以拒绝此请求。

如果选择拒绝请求，可以按下面的步骤进行:

(1) 单击"Certification Authority"管理单元中的"Pending Requests"节点。

(2) 右击"请求"，然后在"All Tasks"子菜单上选择"Deny"。

在任何一种情况下，请确保对证书管理员的操作以及 4 个问题的所有回答均已进行存档。

需要注意的是，策略模块始终会重新处理挂起的请求，并且如果在最初提交请求之后模板、配置或用户组信息已发生更改，则策略模块将会仅根据新的信息重新分析请求。

另外，要重新提交失败的请求并发出此请求，用户对于 CA 必须同时具有 CA Officer 和 CA Admin 权限。显然，如果在 CA 上启用角色分离时，此功能是不可能实现的。

6.5.4 吊销证书

虽然证书通常用于在组织中增强信任，但有时却需要从某一证书中删除信任。在吊销证书之前，请确保证书管理员已回答以下问题并进行存档:

(1) 为何吊销此证书?

(2) 何人请求吊销此证书?

(3) 是否还会再次需要此证书(如验证签名或解密消息)? 如果是，那么何时需要(即验证签名、解密消息、一般使用)?

(4) 作为管理员，必须满足哪些针对吊销证书的人员(如 Officer)的特殊要求?

(5) 当吊销证书时，必须遵循组织中的哪些书面操作过程(如备份)?

当证书管理员回答完所有这些问题并且满足所有要求之后，便可吊销证书，其步骤如下。

(1) 在"Certification Authority"管理单元中，单击"Issued Certificates"节点。

(2) 右击证书，然后在"All Tasks"子菜单上选择"Revoke Certificate"。

(3) 选择适当的吊销原因并单击"Yes"。

注意:如果证书管理员对于问题(3)的回答为"是",并且在任何时候或一般使用时需要此证书,请确保选择 Certificate Hold 作为原因。这是可允许解除吊销已吊销证书的唯一原因。

在吊销证书的过程中,如果要吊销某个证书且原因是 Certificate Hold,而后又决定要解除吊销此证书,则需要回答以下问题并进行存档:

(1) 为何要吊销此证书?

(2) 何人请求此任务?

(3) 作为管理员,必须满足哪些针对解除吊销证书的人员(如 Officer)的特殊要求?

(4) 当吊销证书时,必须遵循组织中的哪些书面操作过程(如备份)?

(5) 所在的组织当前是否针对此 CA 使用证书实施细则 (CPS),如果是,则请求者是否满足解除吊销证书的所有要求?

当回答完所有这些问题并且满足所有要求之后,便可解除吊销证书。按下面的步骤进行。

(1) 在"Certification Authority"管理单元中,单击"Revoked Certificates"节点。

(2) 右击已吊销的证书,然后在"All Tasks"子菜单上选择"Unrevoke Certificate"。

值得注意的是,如果误用,解除吊销证书被认为是很危险的。当要解除吊销证书时,请确保操作和文档均正确。

6.6 本章小结

PKI技术是信息安全技术的核心,它是一种适用于电子商务、电子政务的密码技术,它能够有效地解决电子商务应用中的机密性、真实性、完整性、不可否认性和存取控制等安全问题。PKI技术及产品在电子政务领域中应用广泛,目前 PKI 卡已经应用于金融系统、企业内网、身份认证、数字签名、权限管理、信息安全等领域。随着 PKI 技术的应用与发展,无论是在有线网络,还在无线世界,PKI 必将发挥巨大作用。

6.7 本章练习

一、填空题

1. PKI 的英文全称是________,其中文含义是________。

2. PKI 技术主要提供的安全服务包括________、________、________、________。

3. 一个完整的 PKI 系统必须具备________、________、________、________、________、________和________等基本组成部分。

4. 从整个 PKI 体系建立与发展的历程来看,与 PKI 相关的标准主要包括________、________、________、________、________及________。

二、选择题

1. 在电子商务应用中，下面(　　)说法是错误的。

A. 证书上具有证书授权中心的数字签名

B. 证书上列有证书拥有者的基本信息

C. 证书上列有证书拥有者的公钥

D. 证书上列有证书拥有者的私钥

2. 电子商务安全要求的4个方面是(　　)。

A. 传输的高效性、数据的完整性、交易各方的身份认证和交易的不可抵赖性

B. 存储的安全性、传输的高效性、数据的完整性和交易各方的身份认证

C. 传输的安全性、数据的完整性、交易各方的身份认证和交易的不可抵赖性

D. 存储的安全性、传输的高效性、数据的完整性和交易的不可抵赖性

三、简答题

1. 简述PKI技术的意义。
2. 简述PKI技术的应用。

四、实训题

按本章的介绍，对Windows Server 2003 PKI的证书进行管理操作。

第 7 章　SSL

学习目标

* 了解 SSL 协议的组成部分。
* 了解 SSL 提供的安全服务种类。
* 了解 SSL 的工作原理。
* 了解 SSL 的实际应用。

7.1　SSL 协议概述

SSL(Secure Sockets Layer)中文意思是安全套接层协议，指使用公钥和私钥技术组合的安全网络通信协议。SSL 协议是网景公司(Netscape)推出的基于 Web 应用的安全协议，SSL 协议指定了一种在应用程序协议(如 HTTP、Telnet、NMTP 和 FTP 等)和 TCP/IP 协议之间提供数据安全性分层的机制，它为 TCP/IP 连接提供数据加密、服务器认证、消息完整性以及可选的客户机认证，主要用于提高应用程序之间数据的安全性，对传送的数据进行加密和隐藏，确保数据在传送中不被改变，即确保数据的完整性。

SSL 将对称加密算法和公钥加密算法相结合，可以实现如下 3 个安全通信目标。

(1) 秘密性：SSL 客户机和服务器之间传送的数据都经过了加密处理，网络中的非法窃听者所获取的信息都将是无意义的密文信息。

(2) 完整性：SSL 利用密码算法和散列(Hash)函数，通过对传输信息特征值的提取来保证信息的完整性，确保要传输的信息全部到达目的地，可以避免服务器和客户机之间的信息受到破坏。

(3) 认证性：利用证书技术和可信的第三方认证，可以让客户机和服务器相互识别对方的身份。为了验证证书持有者是其合法用户(而不是冒名用户)，SSL 要求证书持有者在握手时相互交换数字证书，通过验证来保证对方身份的合法性。

7.2 SSL 协议体系结构分析

7.2.1 SSL 协议的体系结构

SSL 协议位于 TCP/IP 协议模型的传输层(TCP)和应用层之间,使用 TCP 来提供一种可靠的端到端的安全服务,它使客户/服务器应用之间的通信不被攻击窃听,并且始终对服务器进行认证,还可以选择对客户进行认证。SSL 协议在应用层通信之前就已经完成加密算法、通信密钥的协商以及服务器认证工作,在此之后,应用层协议所传送的数据都被加密。SSL 协议的优势在于它独立于应用层协议,高层的应用层协议(如 HTTP,FTP,Telnet)能透明地建立于 SSL 协议之上。SSL 协议在应用层协议通信之前就已经完成加密算法、通信密钥的协商以及服务器认证工作。SSL 实际上是共同工作的两层协议组成,如图 7-1 所示。从体系结构图可以看出 SSL 安全协议实际是 SSL 握手协议、SSL 密码格式修改协议、SSL 警告协议和 SSL 记录协议组成的一个协议族。

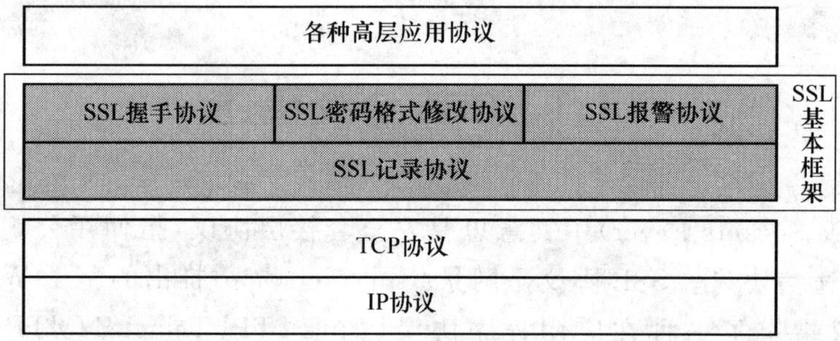

图 7-1　SSL 体系结构

SSL 记录协议为 SSL 连接提供了两种服务:一是机密性,二是消息完整性。为了实现这两种服务,SSL 记录协议对接收的数据和被接收的数据工作过程是如何实现的呢? SSL 记录协议接收传输的应用报文,将数据分片成可管理的块,进行数据压缩(可选),应用 MAC,接着利用 IDEA、DES、3DES 或其他加密算法进行数据加密,最后增加由内容类型、主要版本、次要版本和压缩长度组成的首部。被接收的数据刚好与接收数据工作过程相反,依次被解密、验证、解压缩和重新装配,然后交给更高级用户。SSL 记录协议有 4 种类型的客户:握手协议、报警协议、密码格式修改协议以及高层应用协议。如果记录协议收到了不理解的内容类型值,则忽略该类型。

SSL 密码格式修改协议是使用 SSL 记录协议服务的 SSL 高层协议的 3 个特定协议之一,也是其中最简单的一个。协议由单个消息组成,该消息只包含一个值为 1 的单个字节。该消息的唯一作用就是使未决状态复制为当前状态,更新用于当前连接的密码组。为了保障 SSL 传输过程的安全性,双方应该每隔一段时间改变加密规范。

SSL 报警协议是用来为对等实体传递 SSL 的相关警告。如果在通信过程中某一方发现任何异常，就需要给对方发送一条警示消息通告。警示消息有两种：一种是严重错误，如传递数据过程中，发现错误的 MAC，双方就需要立即中断会话，同时消除自己缓冲区相应的会话记录；第二种是警告消息，这种情况，通信双方通常都只是记录日志，而对通信过程不造成任何影响。SSL 握手协议可以使得服务器和客户能够相互鉴别对方，协商具体的加密算法和 MAC 算法以及保密密钥，用来保护在 SSL 记录中发送的数据。

SSL 握手协议允许通信实体在交换应用数据之前协商密钥的算法、加密密钥和对客户端进行认证（可选）的协议，为下一步记录协议要使用的密钥信息进行协商，使客户端和服务器建立并保持安全通信的状态信息。SSL 握手协议是在任何应用程序数据传输之前使用的。SSL 握手协议包含 4 个阶段：第 1 个阶段建立会话连接；第 2 个阶段服务器鉴别和密钥交换；第 3 个阶段客户鉴别和密钥交换；第 4 个阶段完成握手协议。

7.2.2 SSL 的记录协议

SSL 记录协议的一条记录包含长度字段、描述和内容字段。记录协议得到要发送的消息后，将数据分成易于处理的数据分组，进行数据压缩（可选），计算数据分组的消息认证码，加密数据，然后发送。接收到消息首先被解密，然后校验 MAC，解压缩，重组，最后传递给协议的高层客户。

SSL 记录协议（Record Protocol）数据处理过程如图 7-2 所示，其步骤如下。

（1）SSL 将数据（Data）分割成可管理之区块长度。

（2）选择是否要将已分割数据压缩。

（3）加上消息认证码。

（4）将数据加密，生成即将发送的消息。

接收端将收到的消息解密、验证、解压缩，再重组后传送至较高层（如应用层），即完成接收。

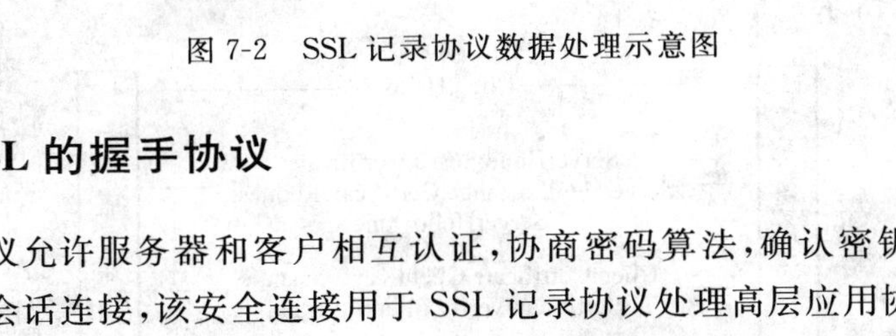

图 7-2 SSL 记录协议数据处理示意图

7.2.3 SSL 的握手协议

SSL 握手协议允许服务器和客户相互认证，协商密码算法，确认密钥并在确认的密钥基础上建立安全会话连接，该安全连接用于 SSL 记录协议处理高层应用协议的安全通信。

SSL 握手协议建立连接会话状态的密码参数，该过程在 SSL 记录协议之上运行。当 SSL 协议的客户和服务器开始第一次通信时，首先需要协商协议版本，选择密码算法，相互进行认证（可选），并使用公钥加密算法生成共享秘密消息。

在执行 SSL 握手协议的过程,通信双方分别执行以下操作:

(1) 交换 Hello 消息,以协商密码算法,交换随机数,验证是否是重复会话连接;

(2) 交换必需的密码参数,使得客户端和服务器能够协商某个密钥(称为主密钥);

(3) 交换证书和密码信息,使得客户和服务器能够把自己向对方认证;

(4) 通过交换随机数,由主密钥生成会话密钥;

(5) 验证对方已经计算了相同的安全参数,确认握手已经完成,并且未遭到攻击者的篡改;

(6) 把建立起来的安全信道提交给 SSL 记录层,用于处理高层应用通信。

这些步骤通过下面的 4 次信息交换来实现。

1. Hello 信息交换

客户端发送 ClientHello 消息发起会话连接,接收该消息的服务器必须用 ServerHello 消息响应,否则连接失败。这两个消息包含以下域:协议版本号,随机数,会话 ID,加密方案和数据压缩方法。

2. 服务器证书和密钥交换数据

如果客户端要求认证服务器,在 Hello 信息交换之后,服务器应该选择发送其证书。在发送服务器证书的同时,还可发送服务器密钥交换数据,以及客户证书请求。最后,服务器发送 ServerHelloDone 消息,指示握手协议的 Hello 阶段结束,接下来服务器等待客户响应。

3. 客户的证书请求响应及密钥交换数据

如果服务器发送了客户证书请求消息,客户端要么发送其客户证书,要么发送没有证书的警告消息。

接下来客户向服务器发送客户端的密钥交换数据以及客户端的证书验证消息,用于服务器明确验证客户端的证书。

4. 最后的消息交换

客户端发送其 ClientFinished 消息,该消息中包含用刚刚商定的算法、密钥和秘密进行保护的消息,以便允许服务器确认客户端执行了正确的握手程序。

作为响应,服务器发送其 ServerFinished 消息,该消息中包含用刚刚商定的算法、密钥和秘密进行保护的消息,以便允许客户端确认服务器执行了正确的握手程序。

上述交换完成之后,握手完成,客户端和服务器可以开始交换应用层数据。握手协议的工作流程如图 7-3 所示。

图 7-3　握手协议的工作流程

7.3 OpenSSL 协议的工作过程

7.3.1 OpenSSL 概述

OpenSSL 是一个支持 SSL 认证的服务器。它是一个源码开放的自由软件,支持多种操作系统。OpenSSL 软件的目的是实现一个完整的、健壮的、商业级的开放源码工具,通过强大的加密算法来实现建立在传输层之上的安全性。OpenSSL 包含一套 SSL 协议的完整接口,应用程序应用它们可以很方便地建立起安全套接层,进而能够通过网络进行安全的数据传输。

7.3.2 OpenSSL 的工作过程

基于 OpenSSL 的 SSL 协议程序可以被分为两个部分:客户机和服务器。使用 SSL 协议使通信双方可以相互验证对方身份的真实性,并且能够保证数据的完整性和机密性。基于 OpenSSL 的程序通信都要遵循以下几个步骤。

1. OpenSSL 初始化

在使用 OpenSSL 之前,必须进行相应的协议初始化工作,这可以通过下面的函数实现:

```
int SSL_library_int(void);
```

2. 选择会话协议

在利用 OpenSSL 开始 SSL 会话之前,需要为客户端和服务器制订本次会话采用的协议,目前能够使用的协议包括 TLS v1、SSL v2、SSL v3、SSL v2/v3。

需要注意的是,客户端和服务器必须使用相互兼容的协议,否则 SSL 会话将无法正常进行。

3. 创建会话环境

在 OpenSSL 中创建的 SSL 会话环境称为 CTX,使用不同的协议会话,其环境也不一样的。申请 SSL 会话环境的 OpenSSL 函数是

```
SSL_CTX * SSL_CTX_new(SSL_METHOD * method);
```

当 SSL 会话环境申请成功后,还要根据实际的需要设置 CTX 的属性,通常的设置是指定 SSL 握手阶段证书的验证方式和加载自己的证书。制订证书验证方式的函数是

```
int SSL_CTX_set_verify(SSL_CTX * ctx, int mode, int( * verify_callback), int
(X509_STORE_CTX * ));
```

为 SSL 会话环境加载 CA 证书的函数是

```
SSL_CTX_load_verify_location(SSL_CTX * ctx,const char * Cafile,const char * Ca-
path);
```

为 SSL 会话加载用户证书的函数是

```
SSL_CTX_use_certificate_file(SSL_CTX * ctx,const char * file,int type);
```

为 SSL 会话加载用户私钥的函数是

SSL_CTX_use_PrivateKey_file(SSL_CTX * ctx,const char * file,int type);

在将证书和私钥加载到 SSL 会话环境之后，就可以调用下面的函数来验证私钥和证书是否相符

int SSL_CTX_check_private_key(SSL_CTX * ctx);

4. 建立 SSL 套接字

SSL 套接字是建立在普通的 TCP 套接字基础之上，在建立 SSL 套接字时可以使用下面的一些函数：

```
SSL * SSl_new(SSL_CTX * ctx);
//申请一个 SSL 套接字
int SSL_set_fd(SSL * ssl,int fd);
//绑定读写套接字
int SSL_set_rfd(SSL * ssl,int fd);
//绑定只读套接字
int SSL_set_wfd(SSL * ssl,int fd);
//绑定只写套接字
```

5. 完成 SSL 握手

在成功创建 SSL 套接字后，客户端应使用函数 SSL_connect( )替代传统的函数 connect( )来完成握手过程：

int SSL_connect(SSL * ssl);

而对服务器来讲，则应使用函数 SSL_accept( )替代传统的函数 accept( )来完成握手过程：

int SSL_accept(SSL * ssl);

握手过程完成之后，通常需要询问通信双方的证书信息，以便进行相应的验证，这可以借助于下面两个函数来实现：

X509 * SSL_get_peer_certificate(SSL * ssl);

该函数可以从 SSL 套接字中提取对方的证书信息，这些信息已经被 SSL 验证过了。

X509_NAME * X509_get_subject_name(X509 * a);

该函数得到证书所用者的名字。

6. 进行数据传输

当 SSL 握手完成之后，就可以进行安全的数据传输了，在数据传输阶段，需要使用 SSL_read( )和 SSL_write( )来替代传统的 read( )和 write( )函数，来完成对套接字的读写操作：

```
int SSL_read(SSL * ssl,void * buf,int num);
int SSL_write(SSL * ssl,const void * buf,int num);
```

对消息进行传输时，通过 SSL 记录协议对消息进行安全处理(分组、认证、加密等)。

7. 结束 SSL 通信

当客户端和服务器之间的数据通信完成之后，调用下面的函数来释放已经申请的 SSL 资源：

int SSL_shutdown(SSL * ssl);

```
//关闭 SSL 套接字
void SSl_free(SSL * ssl);
//释放 SSL 套接字
void SSL_CTX_free(SSL_CTX * ctx);
//释放 SSL 会话环境
```

在整个 SSL 的工作过程中，应用数据的传输过程为：

(1) 应用程序把应用数据提交给本地的 SSL；

(2) 发送端根据需要，使用指定的压缩算法，压缩应用数据；

(3) 发送端使用散列算法对压缩后的数据进行散列，得到数据的散列值；

(4) 发送端把散列值和压缩后的应用数据一起用加密算法加密；

(5) 密文通过网络传给对方；

(6) 接收方用相同的加密算法对密文解密，得到明文；

(7) 接收方用相同的散列算法对明文中的应用数据散列；

(8) 计算得到的散列值，与明文中的散列值比较。

如果第(8)步比较结果一致，则明文有效，接收方的 SSL 把明文解压后得到应用数据上交给接收方的应用。否则就丢弃数据，并向发方发出告警信息。严重的错误有可能引起再次的协商或连接中断。

7.4 OpenSSL 网站应用

7.4.1 网站安全需求分析

Web 网站是网络应用中重要组成部分，许多重要网络应用业务如网络银行、新闻发布、电子商务等都基于 Web 服务开展，其安全性变得日益重要。Web 网站已成为黑客攻击重点目标，其安全威胁主要有信息泄露、非授权访问、网站假冒、拒绝服务等。密码学在 Web 安全应用方面有许多，包括 Web 用户身份认证、Web 服务信息加密处理以及 Web 信息完整性检查等。目前，重要信息网站通过数字证书和 SSL 共同保护 Web 服务的安全，利用 SSL 和数字证书，可以防止浏览器和 Web 服务器间的通信信息泄露、篡改和伪造。

OpenSSL 是一个开放源代码的 SSL 协议的产品实现，它采用 C 语言作为开发语言，具备了跨系统的性能。调用 OpenSSL 的函数就可以实现一个 SSL 加密的安全数据传输通道，从而保护客户端和服务器之间数据的安全。

在 Web 站点上，为了在非保密的因特网上传输保密或敏感信息，需要设置 SSL。

7.4.2 OpenSSL 的安装

本节主要讲述在 RED HAT7.1 中进行 SSL 配置的基本过程。

在 RED HAT7.1 中进行 SSL 配置的基本过程主要包含安装 APACHE 和 OpenSSL、创建自己的 CA、签署证书、更改 httpd.conf 几个步骤。

1. 安装 APACHE 和 OpenSSL

RED HAT7.1 中已经自带了 APACHE1.3.19 和 OpenSSL0.9.6，在安装 Linux 时选择安装 Web Server 和 MOD_SSL 即可，同时，配置 Linux 的启动模块，使 HTTPD 在 Linux 启动时自动运行。

2. 创建自己的 CA

```
#cd/usr/share/ssl/misc
#./CA-newca
```

屏幕上出现如下的提示：

```
CA certificate filename(or enter to create)
```

这是要求输入要创建的 CA 的证书文件名，可以直接回车或输入证书文件名。

```
Making CA certificate...
Using configuration from/usr/share/ssl/openssl.cnf
Generating a 1024 bit RSA private key
.....++ ++ ++
writing new private key to'./demoCA/private/./cakey.pem'
Enter PEM pass phrase:
Verifying password-Enter PEM pass phrase:-
```

此时要求输入和验证 CA 的私钥口令、国家代码(中国是 CN)、省份、城市或地区、组织或企业名称、部门名称、CA 的名称或服务器的主机名称、管理员电子邮件地址。

至此，在当前目录下生成了 demoCA 的目录，CA 的证书就在该目录下，文件名为 cacert.pem。

3. 生成服务器的证书请求

```
#./CA - newreq
```

屏幕上出现如下的提示：

```
Using configuration from/usr/share/ssl/openssl.cnf
Generating a 1024 bit RSA private key
.++ ++ ++
writing new private key to'newreq.pem'
Enter PEM pass phrase:
Verifying password-Enter PEM pass phrase:
```

此时要求输入和验证服务器的私钥口令、国家代码(中国是 CN)、省份、城市或地区、组织或企业名称、部门名称、CA 的名称或服务器的主机名称、管理员电子邮件地址。

```
Please enter the following'extra' attributes
to be sent with your certificate request
A challenge password[]:
An optional company name []:
.Request(and private key)is in newreq.pem
```

这是要求输入服务器的相关信息。

此时，在当前目录下生成了一个名为 newreq.pem 的文件，包含了要生成服务器数字证书的请求。

4. 签署证书

```
#./CA -sign
```

屏幕上出现如下的提示：

```
Using configuration from/usr/share/ssl/openssl.cnf
Enter PEM pass phrase:
```

此时一样需要输入CA的私钥口令、国家代码(中国是CN)、省份、城市或地区、组织或企业名称、部门名称、CA的名称或服务器的主机名称、管理员电子邮件地址。

```
Certificate is to be certified until Nov 19 13:46:19 2002 GMT(365 days)
Sign the certificate? [y/n]:y
```

这时显示证书请求文件中的各项信息，并询问是否要签署证书，回答“y”，进行签署。

```
1 out of 1 certificate requests certified,commit? [y/n]y
```

回答“y”，会显示已经签署的证书的信息，并在当前目录下生成服务器的证书文件newcert.pem。

5. 更改/etc/httpd/conf/httpd.conf

(1) 更改SSL的根目录

建立一个新目录，如/var/www/sslhtml。

在<IfDefine HAVE_SSL>中修改

DocumentRoot“/var/www/html”为DocumentRoot“/var/www/sslhtml”

(2) 更改服务器的证书文件的相关配置

```
#cp newcert.pem/etc/httpd/conf/ssl.crt/server.pem
```

在<IfDefine HAVE_SSL>中修改

SSLCertificateFile/etc/httpd/conf/ssl.crt/server.crt

SSLCertificateFile/etc/httpd/conf/ssl.crt/server.pem

(3) 更改服务器的证书密钥文件的相关配置

```
#cp newreq.pem/etc/httpd/conf/ssl.key/server.pem
```

在<IfDefine HAVE_SSL>中修改

SSLCertificateKeyFile/etc/httpd/conf/ssl.key/server.key

为SSLCertificateKeyFile/etc/httpd/conf/ssl.key/server.pem

在SSL的根目录中生成一个示例文件index.html，其内容如下所示：

```
<html>
这是SSL示例!
</html>
```

6. 测试

假如Web服务器的DNS名称是test.es.com，在浏览器的URL地址栏里输入http://test.es.com/，浏览器便会显示APACHE安装时默认的Test Page。

在浏览器的URL地址栏里输入https://test.es.com/，注意：是https而不是http。

浏览器会提示站点已经采用了SSL进行数据的加密传输。由于CA证书不是浏览器默认的信任的根证书，所以，浏览器会说无法确认服务器的证书可信。暂时不管，一直单击“NEXT”。

可以把CA的证书放在非SSL的站点上，让浏览器下载并安装CA证书，并将其设置成可信任的根证书，便可解决上面的问题。

7. 解除HTTPD启动时的口令输入

由于安全的原因，Web服务器的私钥是口令加密了的，每次重新启动HTTPD或Linux时，都会要求输入Web服务器的私钥的口令。

如果要解除HTTPD启动时的口令输入，可以这样：

```
#cd/etc/httpd/conf/ssl.key
#cp server.pem server.pem.org
#openssl rsa -in server.pem.org -out server.pem
#chmod 400 server.pem
```

此时，Web服务器的私钥已经没有口令加密，一定要确保server.pem文件除root外，任何用户均无权读取它。

以上所述只是SSL配置的最基本的几个过程，详细的配置请参考随APACHE带的MOD_SSL部分的文档。

7.5 Windows 2000中SSL的配置与应用

SSL的典型应用主要有两个方面：一是客户端，如浏览器等；另外一个就是服务器端，如Web服务器和应用服务器等。目前，一些主流浏览器（如IE和Netscape等）和IIS、Domino Go WebServer、Netscape Enterprise Server、Apache等Web服务器都提供了对SSL的支持。要实现浏览器（或其他客户端应用）和Web服务器（或其他服务器）之间的安全SSL信息传输，必须在Web服务器端安装支持SSL的Web服务器证书，在浏览器端安装支持SSL的客户端证书（可选），然后把URL中的“http://”更换为“https://”。

SSL安全协议要求基于客户机/服务器模型的安全通信对服务器进行认证，所以，必须对服务器（如Web服务器）配置证书。下面以Windows 2000种提供的因特网信息服务器IIS 5.0（以后简称IIS）为例来谈一下在Web服务器中请求和安装服务器证书的基本步骤与技巧，并给出配置安全通信（如SSL）的一般方法。

在一个基于客户机/服务器（更为普遍的是浏览器/Web服务器）模型的安全应用中，要求服务器端必须配备安全证书，以在网络通信中代表Web服务器的身份，客户端也可以使用Web服务器证书所提供的公钥来为Web服务器加密信息（Web服务器加密证书）或使客户端验证Web服务的签名（Web服务器签名证书）。

利用IIS申请服务器证书的时候，IIS本身先产生公私钥对，并产生相应的证书请求信息，最后把该信息提交给CA（该CA只能为Windows 2000企业CA或其他商业CA，Windows 2000独立CA不能签发服务器证书），由CA签发以后形成证书。其具体步骤如下。

(1) 在Windows 2000中选择“开始”→“程序”→“管理工具”→“Internet服务管理器”，启动IIS管理界面。

(2) 右击选中主机名下的“默认Web站点”项，在弹出式菜单中选择“属性”菜单项，并在弹出的对话框中选择“目录安全性”标签页，如图7-4所示。

(3) 单击“安全通信”下的“服务器证书”按钮(如果该 IIS 以前没有安装过 Web 服务器证书,“安全通信”下的“查看证书”和“编辑”按钮都是不可用的),弹出 Web 服务器证书向导对话框,显示目前 Web 服务器证书的状态,并指导用户安装或删除证书。单击“下一步”按钮继续。

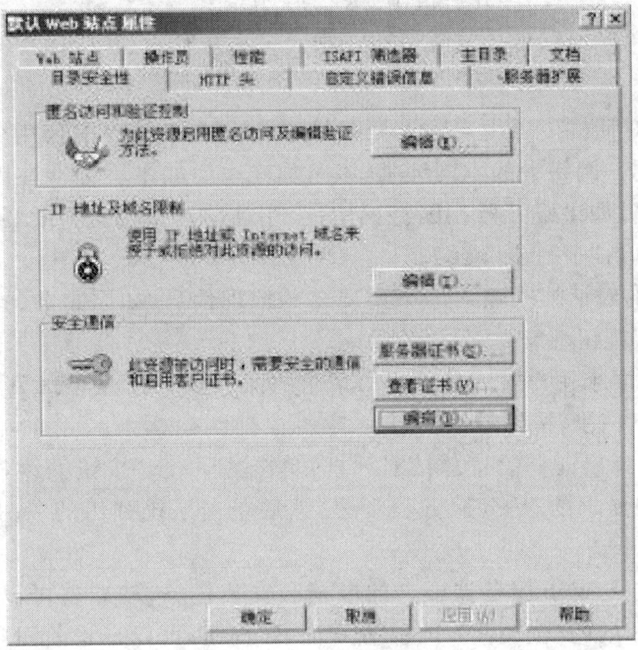

图 7-4　默认 Web 站点目录安全属性对话框

(4) 接下来弹出的对话框要求用户选择 Web 服务器证书的产生方式,如图 7-5 所示,选择“创建一个新证书”项,单击“下一步”按钮继续。

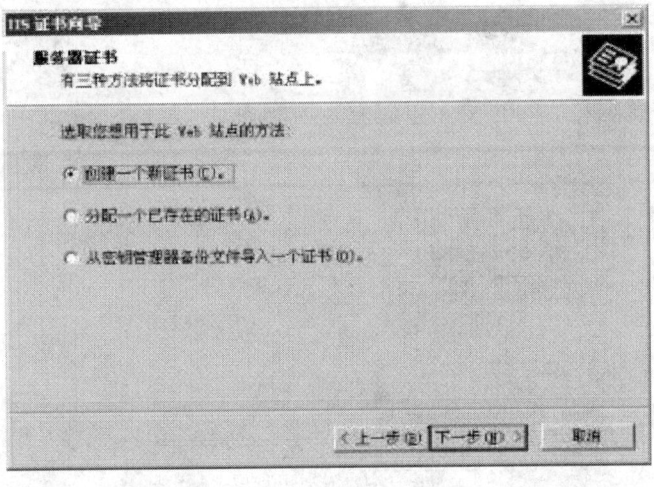

图 7-5　选择 Web 服务器证书的产生方式

(5) 在接着弹出的对话框中,要求用户选择证书请求的发送方式。如果选择稍后发送,系统将把证书请求保存为一个文件,可以在以后的任何时候把该请求发送给 CA 来请求证书;如果选择立刻发送,则会把请求直接发送给 CA,CA 将把产生的证书自动安装到 IIS(对 Windows 2000 企业 CA 而言,如果是其他 CA,产生的方式可能会有所不同)。选择立刻发送到在线 CA,单击“下一步”按钮继续。

(6) 接下来的对话框中要求输入新证书的名称和密钥长度,对服务器证书而言,一般选择 1 024 bit 或以上长度。选择好后单击“下一步”按钮继续。

(7) 然后在弹出的对话框中输入证书中要求的组织信息,如组织名称和组织部门,单击“下一步”按钮继续。

(8) 接下来的对话框要求用户输入拥有此证书的 Web 站点的公用名称,它必须是一个合法的域名称,对同一网络中的不同证书,该名称唯一。如果服务器在因特网上,公用名称应为有效的 DNS 名;如果服务器在因特网中,公用名称可以为计算机的 NetBIOS 名,即计算机名,输入完后单击“下一步”继续。

(9) 在接下来的对话框中输入证书中要求的地理信息,如国家名、省名和市名,输入完毕后,单击“下一步”按钮继续。

(10) 然后系统要求用户输入处理证书请求的证书颁发机构,该 CA 一般本系统中可用的在线 CA,单击“下一步”按钮继续。

(11) 然后系统弹出证书信息总结对话框,单击“下一步”按钮继续,则 CA 系统处理证书请求,并产生用户要求的 Web 服务器证书,然后单击系统弹出的“完成”按钮,即完成了 Web 服务器证书的申请。

至此,已经完成了 Web 服务器证书的申请和安装任务,然后就可以对 IIS 进行安全配置。单击图 7-4 所示的“安全通信”中的“查看证书”按钮,可以查看前面申请的 Web 服务器证书;单击“编辑”按钮,弹出如图 7-6 所示的“安全通信”设置对话框。可以在此对话框中设置安全 Web 服务器时一些属性,如在访问该服务器时是否需要 SSL 通道、是否使用 128 bit 强加密、是否需要验证客户端证书、是否把证书映射到用户账号,以使用客户证书来控制对资源的访问等。

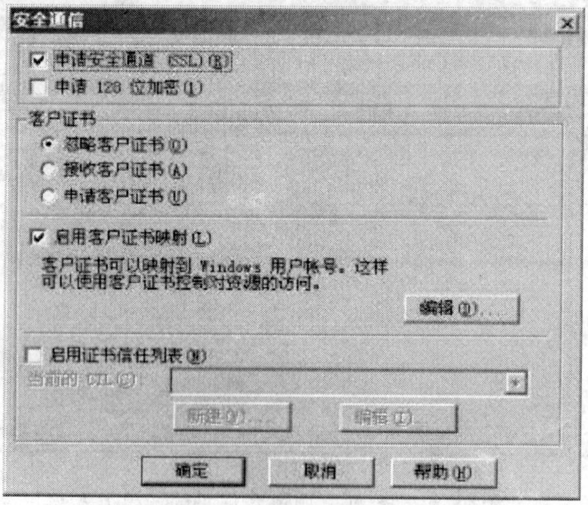

图 7-6 IIS Web 服务器证书的安全配置

默认情况下忽略客户证书,即用户访问配置好 SSL 服务器证书的 Web 站点时,不需要提交自己的证书。至此,其他用户就可以采用SSL安全方式来访问配置好SSL服务器证书的Web站点了,即在浏览器地址栏内输入类似"https://..."字样的URL地址。

由于出口限制和其他原因,目前的浏览器(包括IE和Netscape)只能支持56 bit对称密钥和512 bit非对称密钥长度的SSL连接,这在实际应用中是非常不安全的,安全的SSL系统需要至少128 bit对称密钥和1 024 bit非对称密钥长度。在SSL的客户机/服务器模式下,即使服务器端可以支持位数更多的密钥长度,具有较高的安全强度,但由于客户端的限制,实际SSL连接中只能使用客户端较低位数的密钥长度来进行安全信息传输。所以很多安全系统的客户端大都安装了一个SSL代理程序,它直接接管浏览器发送和接收的信息,利用安全的密钥长度与服务器进行交互(必要的时候还需要在服务器端安装SSL服务器代理)。

7.6 SSL VPN

7.6.1 VPN概述

因特网作为具有世界范围联通性的"第四媒体",已经成为一个具有无限商机的场所。如何利用因特网来开展商务活动,是目前各个企业讨论的热门话题。但将因特网实际运用到商业中,还存在一些亟待解决的问题,其中最重要的两个问题是服务质量问题和安全问题。服务质量问题在有关厂商和ISP的努力下正在逐步得以解决,而VPN技术的产生为解决安全问题提供了一条有效途径。

所谓VPN(Virtual Private Network,虚拟专用网或虚拟私有网)是指将物理上分布在不同地点的网络通过公用骨干网联接而成逻辑上的虚拟子网,这里的公用网主要指因特网。为了保障信息在因特网上传输的安全性,VPN技术采用了认证、存取控制、机密性、数据完整性等措施,以保证信息在传输中不被偷看、篡改、复制。由于使用因特网进行传输相对于租用专线来说,费用极为低廉,所以VPN的出现使企业通过因特网既安全又经济地传输私有的机密信息成为可能。

VPN技术除了可以节省费用外,还具有其他特点。

(1) 伸缩性。能够随着网络的扩张,很灵活地加以扩展。当增加新的用户或子网时,只需修改已有网络软件配置,在新增客户机或网关上安装相应软件并接入因特网后,新的VPN即可工作。

(2) 灵活性。除了能够方便地将新的子网扩充到企业的网络外,由于因特网的全球联通性,VPN可以使企业随时安全地将信息存取到全球的商贸伙伴和顾客。

(3) 易于管理。用专线将企业的各个子网连接起来时,随着子网数量的增加,需要的专线数以几何级数增长。而使用VPN时因特网的作用类似一个HUB,只需要将各个子网接入因特网即可,不需要进行各个线路的管理。

7.6.2 SSL VPN的工作原理

有别于传统VPN(IPSec VPN)的另外一种VPN实现技术是采用基于SSL的VPN。

这种基于 SSL 的 VPN 提供了与 IPSec VPN 近似的安全性。SSL VPN 一般的实现方式是在企业的防火墙后面放置一个 SSL 代理服务器。如果用户希望安全地连接到公司网络上，那么当用户在浏览器上输入一个 URL 后，连接将被 SSL 代理服务器取得，并验证该用户的身份，然后 SSL 代理服务器将提供一个远程用户与各种不同的应用服务器之间连接。

7.6.3 SSL VPN 的技术特点

IPSec VPN 和 SSL VPN 是两种不同的 VPN 架构，IPSec VPN 是工作在网络层的，提供所有在网络层上的数据保护和透明的安全通信，而 SSL VPN 是工作在应用层（基于 HTTP协议）和 TCP 层之间的，从整体的安全等级来看，两者都能够提供安全的远程接入。但是，IPSec VPN 技术是被设计用于连接和保护在信任网络中的数据流，因此更适合为不同的网络提供通信安全保障，而 SSL VPN 因为以下的技术特点则更适合应用于远程分散移动用户的安全接入。

1. 客户端支撑维护简单

对于大多数执行基于 SSL 协议的远程访问是不需要在远程客户端设备上安装软件的，只需通过标准的 Web 浏览器连接因特网，即可以通过网页访问到企业内部的网络资源。而 IPSec VPN 需要在远程终端用户一方安装特定软件以建立安全隧道。

2. 提供增强的远程安全接入功能

IPSec VPN 通过在两站点间创建安全隧道提供直接（非代理方式）接入，实现对整个网络的透明访问；一旦隧道创建，用户终端就如同物理地处于企业内部局域网中，这会带来很多安全风险，尤其是在接入用户权限过大的情况下。SSL VPN 提供安全、可代理连接。通常 SSL VPN 的实现方式是在企业的防火墙后面放置一个 SSL 代理服务器。如果用户希望安全地连接到公司网络上，那么当用户在浏览器上输入一个 URL 后，连接将被 SSL 代理服务器取得，并验证该用户的身份，然后 SSL 代理服务器将连接映射到不同的应用服务器上。

3. 提供更细粒度的访问控制

SSL VPN 能对加密隧道进行细分，使终端用户能够同时接入因特网和访问内部企业网资源。另外，SSL VPN 还能细化接入控制功能，提供用户级别的鉴权，依据安全策略确保只有授权的用户才能够访问特定的内部网络资源，这种精确的接入控制功能对远程接入IPSec VPN 来说几乎是不可能实现的。

4. 能够穿越 NAT 和防火墙设备

SSL VPN 工作在传输层之上，因而能够遍历所有 NAT 设备和防火墙设备，这使得用户能够从任何地方远程接入到公司的内部网络。而 IPSec VPN 工作在网络层上，它很难实现防火墙和 NAT 设备的遍历，并且无力解决 IP 地址冲突。

5. 能够较好地抵御外部系统和病毒攻击

SSL 是一个安全协议，数据是全程加密传输的。另外，由于 SSL 网关隔离了内网服务器和客户端，只留下一个 Web 浏览接口，客户端的大多数木马病毒感染不到内网服务器。而传统的 IPSec VPN 由于实现的是 IP 级别的访问，一旦隧道创建，用户终端就如同物理地处于企业内部局域网中，内部网络所连接的应用系统都是可以侦测得到，这就为黑客攻击提供了机会，并且使得局域网能够传播的病毒，通过 VPN 一样能够传播。

6. 网络部署灵活方便

IPSec VPN 在部署时一般放置在网络网关处,因而需要考虑网络的拓扑结构,如果增添新的设备,往往要改变网络结构。而 SSL VPN 却有所不同,它一般部署在内网中防火墙之后,可以随时根据需要,添加需要 VPN 保护的服务器,因此无须影响原有网络结构。

然而 SSL VPN 技术也存在一些不足,如认证方式比较单一,只能够采用证书,而且一般是单向认证,而 IPSec VPN 可以采取 IKE(Internet Key Exchange)方式,使用数字凭证或是一组加密密钥来做认证;SSL VPN 用户只能访问基于 Web 服务器的应用,而IPSec VPN 却几乎可以为所有的应用提供访问,包括 B/S,C/S 模式的应用;SSL VPN 只对通信双方的某个应用通道进行加密,而不是对在通信双方的主机之间的整个通道进行加密;SSL VPN 是应用层加密,性能相对来说可能会受到较大影响。此外,SSL VPN 主要适用于点到点的信息加密传输,如果要实现网络到网络的安全互联,只能考虑采用 IPSec VPN。

7.6.4 SSL VPN 的实际应用

SSL VPN 在实际应用中就是要依据安全控制策略为分散移动用户提供从外网访问企业内网资源的安全访问通道。通常企业内部的资源服务器向外网用户提供一个虚拟的 URL 地址,当用户从外网访问企业内网资源时,发起的连接被 SSL VPN 网关取得,通过认证后映射到不同的应用服务器,采用这种方式能够屏蔽内部网络的结构,不易遭受来自外部的攻击。对于 SSL VPN 的网关设备应当从以下 3 个基本层面来满足不同的应用需求。

(1) 支持 Web 方式的应用。例如,通过 SSL VPN 建立的安全通道访问基于 Web 的电子邮件系统收发邮件。

(2) 支持非 Web 方式的应用。例如,终端用户想要实现非 Web 页面的文件共享,那么 SSL VPN 网关必须将与内网 FTP 服务器的通信内容转化为 HTTPS 协议和 HTML 格式发往客户端,使终端用户感觉这些应用就是一些基于 Web 的应用。

(3)支持基于客户/服务器应用的代理。这种应用需要在终端系统上运行一个非常小的 Java 或 ActiveX 程序作为端口转发器,监听某个端口上的连接。当数据包进入这个端口时,它们通过 SSL 连接中的隧道被传送到 SSL VPN 网关中,SSL VPN 网关解开封装的数据包,将它们转发给目的应用服务器。如图 7-7 所示为一个基本的 SSL VPN 实际部署拓扑。

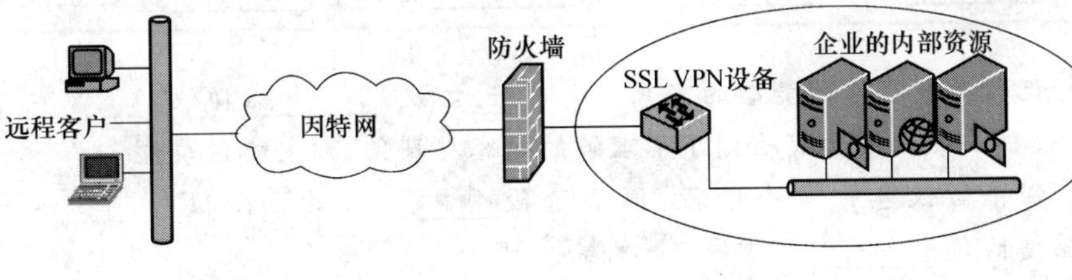

图 7-7 SSL VPN 网络部署拓扑

对于一个企业来说不仅提供基于 Web 的应用,也同时提供大量不基于 Web 的应用,如 OA、财务、销售管理、ERP 等应用。在现阶段,SSL VPN 只能访问基于 Web 的应用,而 IPSec VPN 却几乎可以为所有的应用提供访问,不过,IPSec 不容易穿越防火墙和 NAT 设备,所以当用户需要从外网接入企业内部网络时就难以实现。对于用户来说,理想的方式是将 SSL VPN 和 IPSec VPN 结合起来使用。一方面为数量有限的用户提供 IPSec VPN 连接，使其能够访问企业内网的所有资源；另一方面为多数用户提供 SSL VPN 连接，使其可以访问基于 Web 的企业应用。

7.7 本章小结

SSL 是一个广泛地用于 Web 浏览器与服务器之间的身份认证和加密数据传输协议。SSL 协议位于 TCP/IP 协议与各种应用层协议之间，同时采用加密和认证技术为数据通信提供安全支持。SSL 对数据的安全处理采用"先认证再加密"的组合形式，来保证消息在公开网络上传输时不会非法泄露，也不会被非法篡改。SSL 协议可分为两层，即 SSL 记录协议(SSL Record Protocol)和握手协议(SSL Handshake Protocol)。SSL 记录协议建立在可靠的传输协议(如 TCP)之上，为高层协议提供数据封装、压缩、加密等基本功能的支持。SSL 握手协议建立在 SSL 记录协议之上，用于在实际的数据传输开始前，通信双方进行身份认证、协商加密算法、交换加密密钥等。

7.8 本章练习

一、填空题

1. SSL 的英文全称是________。

2. SSL 以对称加密算法和公钥加密算法相结合，达到________、________和________三方面的安全通信目标。

3. SSL 协议位于 TCP/IP 协议模型的________层和________层之间，使用 TCP 来提供一种可靠的________到________的安全服务。

4. SSL 实际上是共同工作的________层协议组成。从体系结构图可以看出 SSL 安全协议实际是________协议、________协议、________协议和________协议组成的一个协议族。

5. SSL 记录协议有 4 种类型的客户：________协议，________协议，________协议以及________协议。如果记录协议收到了不理解的内容类型值，则忽略该类型。

6. SSL 握手协议包含 4 个阶段：第 1 阶段________；第 2 阶段________；第 3 阶段________；第 4 阶段________。

二、选择题

1. SSL 采用(　　)加密算法。

A. 对称　　B. 公钥　　C. 混合　　D. 不采用

2. SSL 协议在(　　)协议中对数据进行保密性处理。

A. 握手协议　　B. 记录协议

C. 密码格式修改协议　　D. 报警协议

3. SSL协议中对数据的安全处理方式是(　　)。

A. 先加密后认证　　B. 先认证后加密

C. 认证和加密分别独立进行　　D. 不进行加密或认证处理

4. 某银行为了加强自己的网站的安全性,决定采用一个协议,应该采用(　　)协议。

A. FTP　　B. HTTP　　C. SSL　　D. UDP

三、简答题

1. 简述SSL记录协议、SSL密码格式修改协议、SSL报警协议及SSL握手协议的功能。

2. 简述SSL记录协议(Record Protocol)数据处理过程的主要步骤。

3. 简述SSL握手协议工作的主要步骤。

四、实训题

1. 按照本章的介绍,试在一个Web服务器上安装运行OpenSSL。

2. 按照本章的介绍,试在一个Windows 2000服务器上配置运行SSL。

第 8 章　SSH

学习目标

* 了解 SSH 协议的组成部分。
* 了解 SSH 提供的安全服务种类。
* 了解 SSH 的工作原理。
* 了解 SSH 的实际应用。

8.1　SSH 概述

SSH(Secure Shell)的中文翻译为“安全外壳”,它是基于公钥的安全应用协议,由 SSH 传输层协议、SSH 用户认证协议和 SSH 连接协议 3 个子协议组成,各协议分工合作,实现加密、认证、完整性检查等多种安全服务。SSH 最初是 Finland 的学术研究项目,1998 年开始商业化。SSH 研究开发的目的以一种渐进的方式来增强网络安全,通过利用现代密码技术,增强网络中非安全的服务,如 Telnet、Rlogin、FTP 等,实现服务器认证和用户认证及安全加密网络连接服务。目前,SSH 已有两个版本 SSH1 和 SSH2,其中 SSH1 因存在漏洞而被停用,现在用户使用的是 SSH2,SSH2 协议结构如图 8-1 所示。

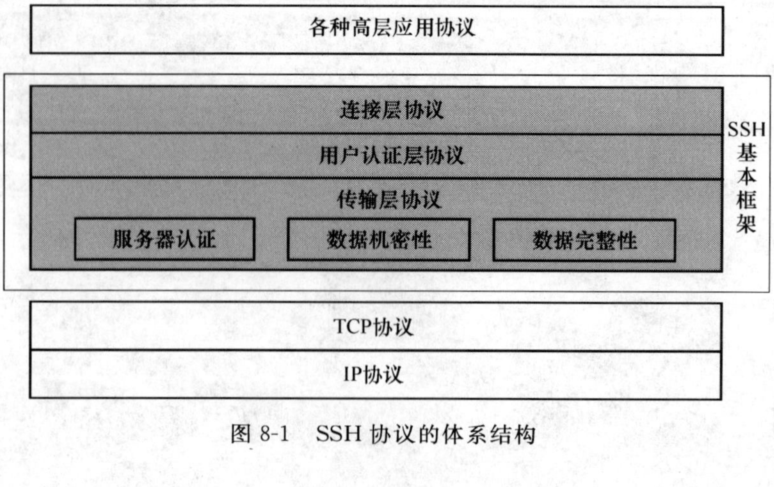

图 8-1　SSH 协议的体系结构

8.2　SSH 协议的基本框架

SSH 协议是建立在网络层和传输层基础上的安全协议，主要由以下 3 个协议组成：传输层协议、用户认证协议和连接协议。同时 SSH 协议框架中还为许多高层的网络安全应用协议提供扩展的支持。它们之间的层次关系如图 8-1 所示。

传输层协议(The Transport Layer Protocol)提供了服务器认证、保密性及完整性。此外它有时还提供压缩功能。传输层协议通常运行在 TCP/IP 连接上，也可运行于其他可靠数据流上。传输层协议提供了强力的加密技术、密码主机认证及完整性保护。该协议中的认证基于主机，并且该协议不执行用户认证。更高层的用户认证协议可以设计为在此协议之上。传输层协议的二进制报文格式如图 8-2 所示。

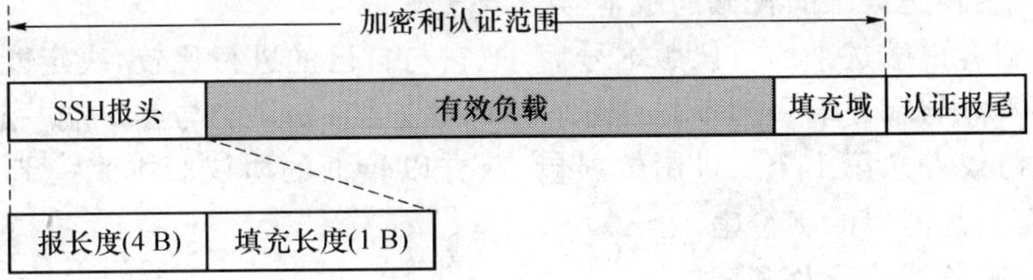

图 8-2　SSH 传输层协议格式

如果支持压缩，包类型域和数据域用 Gzip 压缩算法进行压缩。压缩时在两个数据传送方向的任何一个上，包的压缩部分(类型域＋数据域)被构造得像是它们连在一起，形成一个连续的数据流。在两个数据传送方向上，压缩是独立进行的。

用户认证协议(The User Authentication Protocol)用于向服务器提供客户端用户鉴别功能。它运行在传输层协议之上。当用户认证协议开始后，它从低层协议那里接收会话标识符。会话标识符唯一标识此会话并且适用于标记以证明私钥的所有权。用户认证协议也需要知道低层协议是否提供保密性保护。

连接协议(The Connection Protocol)将多个加密隧道分成逻辑通道。它运行在用户认证协议之上。它提供了交互式登录话路、远程命令执行、转发 TCP/IP 连接和转发 X11 连接。

各种高层应用协议可以相对地独立于 SSH 基本体系之外，并依靠这个基本框架，通过连接协议使用 SSH 的安全机制。

一旦建立一个安全传输层连接，客户机就发送一个服务请求。当用户认证完成之后，会发送第 2 个服务请求。这样就允许新定义的协议可以与上述协议共存。连接协议提供了用途广泛的各种通道，有标准的方法用于建立安全交互式会话外壳和转发(“隧道技术”)专有 TCP/IP 端口和 X11 连接。

8.3　SSH 的工作原理

整个通信过程经过下面几个阶段协商实现认证连接。

首先，用户要获得服务器的主机公钥。SSH 支持两种不同的信任模式来获得服务器主机公钥。

客户端有本地数据库，该数据库中含有关联服务器主机名和相应服务器主机的公钥信息。这种方法不需要集中管理的基础设施（即公钥基础设施，PKI），但其缺点是保存关联信息（主机名、主机公钥）的数据库需要由用户来维护，这可能会成为用户的负担。

关联信息（主机名、主机公钥）的真实性由某些可信的证书发放机构（CA）来保证，此时用户只需知道 CA 的公钥，就能验证所有该 CA 所证明的主机公钥的有效性。

第 1 阶段：版本协商

由客户端向服务器发出 TCP 连接请求。TCP 连接建立后，客户端进入等待，服务器向客户端发送第 1 个报文，宣告自己的版本号，包括协议版本号和软件版本号。客户端接到报文后，回送一个报文，内容也是版本号。客户端响应报文里的协议版本号这样来决定：当与客户端相比服务器的版本号较低时，如果客户端有特定的代码来模拟，则它发送较低的版本号；如果客户端有特定的代码来模拟，则发送自己的版本号。当与客户端相比服务器的版本号较高时，客户端发送自己的较低的版本号。

服务器接到客户端送来的协议版本号后，把它与自己的进行比较，决定能否与客户端一起工作。如果不能与客户端一起工作，则断开 TCP 连接；如果能与客户端一起工作，则按照二进制数据包协议发送第 1 个二进制数据包，双方以较低的协议版本来一起工作。到此为止，这两个报文只是简单的字符串。

第 2 阶段：服务器认证及密钥协商

协商解决版本问题后，客户和应用服务器之间进行密钥协商以及对服务器进行认证。SSH 的最新版本应用 Diffie-Hellman 密钥交换协议来建立会话密钥。

由服务器向客户端发送一个包，内容为自己的 RSA 主机密钥（Host Key）的公钥部分、RSA 服务密钥（Server Key）的公钥部分、支持的加密方法、支持的认证方法、次协议版本标志以及一个 64 bit 的随机数（Cookie）。这个包没有加密，是明文发送的。客户端接收包后，依据这两把密钥和被称为 Cookie 的 64 bit 随机数计算出会话标识（Session ID）和用于加密的会话密钥（Session Key）。客户端对服务器的公钥进行认证（适用公钥证书、可信本地数据库等手段），以确定是否为正确的服务器。随后客户端回送一个包给服务器，内容为选用的加密方法、Cookie 的副本、客户端次协议版本标志以及用服务器的主机密钥的公钥部分和服务密钥的公钥部分进行加密的用于服务器计算会话密钥的 32 B 随机字串。除这个用于服务器计算会话密钥的 32 B 随机字串外，这个包的其他内容都没有加密。之后，双方的通信就是加密的了，服务器向客户端发第 2 个包（双方通信中的第 1 个加密的包）证实客户端的包已收到。

以上两个阶段是通过 SSH 传输层协议来运行的。

第 3 阶段：用户身份认证

双方随后进入用户认证阶段。为了使对用户的认证成为可能，远程服务器必须预先知道用户密码证件的相关知识，也就是说，用户必须是服务器能够识别的用户。这一部分使用的认证可以基于公钥，也可以基于口令。

认证的第 1 步是客户端向服务器发 SSH_CMSG_USER 包声明用户名，服务器检查该用户是否存在，确定是否需要进行认证。如果用户存在，并且不需要认证，服务器回送一个 SSH_SMSG_SUCCESS 包，认证完成。否则，服务器会送一个 SSH_SMSG_FAILURE 包，表示或是用户不存在，或是需要进行认证。注意，如果用户不存在，服务器仍然保持读取从客户端发来的任何包。除了对类型为SSH_MSG_DISCONNECT、SSH_MSG_IGNORE以及SSH_MSG_DEBUG的包外,对任何类型的包都以SSH_SMSG_FAILURE包回应。用这种方式,则客户端无法确定用户究竟是否存在。

如果用户存在但需要进行认证,进入认证的第2步。客户端接到服务器发来的SSH_SMSG_FAILURE包后,不停地向服务器发包申请用各种不同的方法进行认证,直到时限已到服务器关闭连接为止。时限一般设定为5 min。对任何一个申请,如果服务器接受,就以SSH_SMSG_SUCCESS包回应;如果不接受,或者是无法识别,则以SSH_SMSG_FAILURE包回应。

第4阶段:会话请求

认证完成后,客户端向服务器提交会话请求。服务器则进行等待,处理客户端的请求。在这个阶段,无论什么请求只要成功处理了,服务器都向客户端回应SSH_SMSG_SUCCESS包;否则回应SSH_SMSG_FAILURE包。这表示或者是服务器处理请求失败,或者是不能识别请求。会话请求分为这样几类:申请对数据传送进行压缩、申请伪终端、启动X11、TCP/IP端口转发、启动认证代理、运行shell、执行命令。到此为止,前面所有的报文都要求IP的服务类型(TOS)使用选项IPTOS_THROUGHPUT。

第5阶段:会话通信

会话申请成功后,连接进入交互会话模式。在这个模式下,数据在两个方向上双向传送。此时,要求IP的服务类型使用IPTOS_LOWDELAY选项。当服务器告知客户端自己的退出状态时,交互会话模式结束。

最后两个阶段是通过SSH连接协议来运行的。

8.4 SSH的身份认证机制

从客户端来看,SSH提供两种级别的安全验证。

第1种级别(基于口令的安全验证)只要用户知道自己账号和口令,就可以登录到远程主机。所有传输的数据都会被加密,但是不能保证正在连接的服务器就是用户想连接的服务器。可能会有别的服务器在冒充真正的服务器,也就是受到“中间人”这种方式的攻击。

第2种级别(基于密钥的安全验证)需要依靠密钥,也就是用户必须为自己创建一对密钥,并把公用密钥放在需要访问的服务器上。如果要连接到SSH服务器上,客户端软件就会向服务器发出请求,请求用用户的密钥进行安全验证。服务器收到请求之后,先在该服务器的home目录下寻找该用户的公用密钥,然后把它和该用户发送过来的公用密钥进行比较。如果两个密钥一致,服务器就用公用密钥加密“质询”(Challenge)并把它发送给客户端软件。客户端软件收到“质询”之后就可以用用户的私人密钥解密再把它发送给服务器。

用这种方式时,用户必须知道自己密钥的口令。但是,与第1种级别相比,第2种级别不需要在网络上传送口令。

第2种级别不仅加密所有传送的数据,而且“中间人”这种攻击方式也是不可能的(因为他没有用户的私人密钥)。但是整个登录的过程可能会持续较长的时间(大概要10 s)。

8.5 SSH的应用分析

首先,SSH最常见的应用就是用它来取代传统的Telnet、FTP等网络应用程序,通过SSH登录到远方机器执行用户想进行的工作与命令。在不安全的网路通信环境中,它提供了很强的验证(Authentication)机制与非常安全的通信环境。实际上,SSH开发者的原意是设计它来取代原Unix系统上的Rcp、Rlogin、Rsh等指令程序的;但经过适当包装后,发现它在功能上完全可以取代传统的Telnet、FTP等应用程序。

传统BSD风格的r系列指令(如Rcp,Rsh,Rlogin等远程指令)往往都被视为不安全的,很容易就被各种网络攻击手段所破解,几乎所有找得到有关Unix安全的书或文件,都会一而再、再而三地警告系统管理者,留心r系列指令的设定,甚至要求系统管理者将r系列指令通通关闭。

而用来替代r系列指令的SSH,则在安全方面进行了极大的强化,不但对通信内容可以进行极为安全的加密保护,同时也强化了对身份验证的安全机制,它应用了在密码学中已发展出来的数种安全加密机制,如对称加密算法、公钥加密算法、单向散列算法以及伪随机数生成器等,来加强对于身份验证与通信内容的安全保护。通信时对数据的加密有IDEA,Three-key Triple DES,DES,RC4-128,TSS,Blowfish等数种安全加密算法可供选择,加密所用的密钥则是通过RSA进行交换的。同时也通过RSA进行对主机身份的验证。

其次,通过使用SSH可以在本地主机和远程服务器之间设置"加密通道",并且这样设置的"加密通道"可以跟常见的POP应用程序、X应用程序、Linuxconf应用程序相结合,提供安全保障。

SSH的"加密通道"是通过"端口转发"来实现的。用户可以在本地端口(没有用到的)和在远程服务器上运行的某个服务的端口之间建立"加密通道"。然后只要连接到本地端口。所有对本地端口的请求都被SSH加密并且转发到远程服务器的端口。当然只有远程服务器上运行SSH服务器软件的时候,"加密通道"才能工作。

在实际的应用中,SSH在端口转发技术基础上,如图8-3所示,能够支持远程登录(Telnet)、Rsh、Rlogin、文件传输(Scp)等多种安全服务。SSH的软件包可从网站http://www.openssh.org下载,详细用法参考手册。Linux系统一般提供SSH服务,SSH的服务进程端口通常为22。

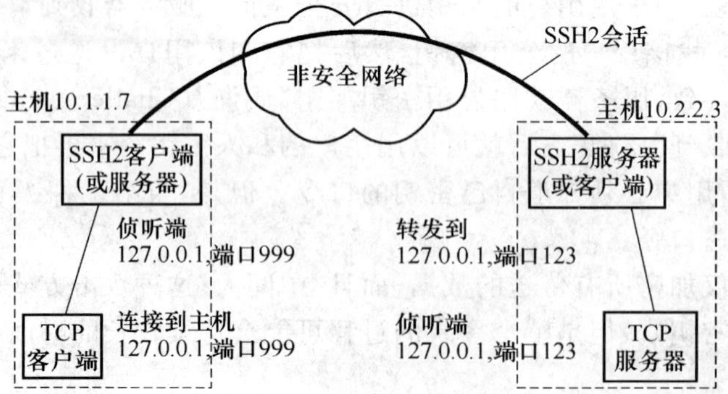

图8-3　SSH端口转发示意图

虽然 SSH 是一个安全协议，但是也有可能受到中间人(Man-In-the-Middle)攻击和拒绝服务攻击(Denial of Service)。

8.6 OpenSSH 应用实例

8.6.1 OpenSSH 简述

最初 SSH 是由芬兰的一家公司开发的。但是因为受版权和加密算法的限制，现在很多人都转而使用 OpenSSH。OpenSSH 是 SSH 的替代软件，而且是免费的，可以预计将来会有越来越多的人使用它而不是 SSH。

8.6.2 OpenSSH 的安装

假设某企业要通过一托管服务器(www.example.com)向外发布信息，要求使用 OpenSSH 来提高从公司本地管理工作站(admin.example.com)远程管理该服务器时的安全性。

1. 运行环境

(1) 操作系统

本地管理工作站和远程服务器均使用 Red Hat7.0。

(2) OpenSSH 版本

采用 Red Hat7.0 自带的 OpenSSH，主要有如下 3 个 Rpm 包。

openssh-2.1.p4-1.rpm：包含 OpenSSH 的核心文件；

openssh-server-2.1.1p4-1.rpm：包含 OpenSSH 的服务器程序；

openssh-clients-2.1.1p4-1.rpm：包含 OpenSSH 的客户端程序。

2. 安装 OpenSSH

(1) 在本地管理工作站上安装 OpenSSH 客户端

首先查看是否已经安装了 OpenSSH：

```
#rpm-qa|grep openssh
```

如果提示：

```
openssh-2.1.p4-1
openssh-clients-2.1.1p4-1
```

则说明已经安装了 OpenSSH 的客户端软件，如果没有提示，则插入 Red Hat7.0 的第一张安装盘，并执行

```
#mount/mnt/cdrom
#cd/mnt/cdrom/RedHat/RPMS
#rpm -ivh openssh-2.1.p4-1.rpm
#rpm -ivh openssh-clients-2.1.1p4-1.rpm
```

(2) 在远程服务器上安装 OpenSSH

方法同上，只不过服务器上需要安装的是以下两个包：

openssh-2.1.p4-1

openssh-server-2.1.1p4-1

提示：可以通过 FTP 将 OpenSSH 的 Rpm 包下载到远程服务器上。

8.6.3 使用基于传统口令认证的 OpenSSH

在默认情况下，SSH 仍然使用传统的口令验证。在使用这种认证方式时，用户不需要进行任何配置。用户可以使用自己的账号和口令登录到远程主机。所有传输的数据都会被加密，但是不能保证正在连接的服务器就是用户想连接的服务器。可能会有别的服务器在冒充真正的服务器，也就是受到“中间人”这种方式的攻击。

要登录到服务器可以使用以下命令：

ssh-l[在远程服务器上的账号][远程服务器的主机名或 IP 地址]

假设在远程服务器上有管理员账号 admin，用户可以执行以下命令：

```
ssh-l admin www.example.com
```

如果一切正常的话，就可以看到以下信息：

```
The authenticity of host 'www.example.com' can't be established.
Key fingerprint is 1024 5f:a0:0b:65:d3:82:df:ab:44:62:6d:98:9c:fe:e9:52.
Are you sure you want to continue connecting(yes/no)?
```

上面的信息是因为用户是第一次登录服务器，所以 OpenSSH 不知道用户的主机信息。以后再登录时，系统就不会再提示这样的信息了。输入“yes”并回车后系统会提示用户输入密码。输入密码后，用户就可以像平常使用 Telnet 那样来使用 SSH 了。

8.6.4 配置并使用基于密钥认证的 OpenSSH

密钥认证需要依靠密钥，首先创建一对密钥（包括公钥和私钥，并且用公钥加密的数据只能用私钥解密），并把公钥放到需要远程服务器上。这样当登录远程服务器时，客户端软件就会向服务器发出请求，请求用用户的私钥进行认证。服务器收到请求之后，先在该服务器的宿主目录下寻找用户的公钥，然后检查该公钥是否合法，如果合法就用公钥加密一个随机数（即所谓的 Challenge）并发送给客户端软件。客户端软件收到“Challenge”之后就用私钥解密再把它发送给服务器。因为用公钥加密的数据只能用密钥解密，服务器经过比较就可以知道该客户连接的合法性。

下面介绍实际配置基于密钥认证的 OpenSSH（基于 SSH2）过程，假定在远程服务器和本地管理工作站上均有一个管理员账号 admin。

1. 配置远程服务器

安装完成后，一般来说没有必要修改服务端的配置文件了，但是如果想要获得最大化的安全性，可以将 www.example.com 上/etc/ssh/sshd_conf 中的

```
PasswordAuthentication yes
```

改为

```
PasswordAuthentication no
```

也即只能使用密钥认证的 OpenSSH，禁止使用口令认证。

2. 配置客户端

对客户端配置文件/etc/ssh/ssh_conf 不需要进行任何更改。

3. 在客户端生成密钥

先在管理工作站上用 ssh-keygen 生成密钥,因为要使用的是 SSH2,所以要加一个-d 的参数。用 admin 登录管理工作站,然后执行

```
$ ssh-keygen-d
```

系统将显示:

```
Generating DSA parameter and key.
Enter file in which to save the key(/home/admin/.ssh/id_dsa):
```

提示用户输入密钥文件的保存路径,可以回车使用默认路径。

如果还没有/home/admin/.ssh 目录,系统将显示:

```
Created directory´/home/admin/.ssh´.
Enter passphrase(empty for no passphrase):
Enter same passphrase:
Your identification has been saved in/home/admin/.ssh/id_dsa.
Your public key has been saved in/home/admin/.ssh/id_dsa.pub.
The key fingerprint is:
D8:20:0f:01:5d:8f:6f:de:b9:d5:ce:28:d8:ca:45:59 admin@admin.example.com
```

这里的密码是对生成的私钥文件(/home/admin/.ssh/id_dsa)的保护口令。公钥文件是/home/admin/.ssh/id_dsa.pub。

4. 发布公钥

通过 FTP 将公钥文件/home/admin/.ssh/id_dsa.pub 复制到远程服务器上的以下目录:

```
/home/admin/.ssh
```

如果.ssh 目录不存在,可以用 mkdir 命令先建立。然后,将 id_dsa.pub 重命名为 authorized_keys2:

```
mv id_dsa.pub authorized_keys2
```

再用 chmod 修改 authorized_keys2 的属性:

```
chmod 644 authorized_keys2
```

注意,如果 authorized_keys2 文件的权限不正确,会导致 SSH 连接失败。

5. 启动 SSHD 服务

在 www.example.com 上使用 root 权限执行:

```
/etc/rc.d/init.d/sshd start
```

6. 连接远程服务器

用 admin 账号登录 admin.example.com 并使用 ssh 连接 www.example.com:

```
ssh-l admin www.example.com
Enter passphrase for DSA key ´/home/admin/.ssh/id_dsa´:
```

输入原来设置的密码后,就可以登录到 www.example.com 了。

8.7 Windows 平台下 SSH 的应用实例

安装适当的软件后，Windows 系统也一样的可以拥有 * nix 安全、方便的管理功能，本节以 Windows 2000 Server 为例介绍 Windows 系统下 SSH 服务器的安装介绍以及使用。

8.7.1 安装 F-Secure SSH 软件

本节采用 F-Secure SSH 软件。F-Secure SSH 分为服务器端和客户端两部分。将 F-Secure SSH Server v5. 3. 18. exe（SSH 服务端）和 F-Secure SSH Client v5. 4. 33. exe（SSH 客户端）安装到相应的服务器和客户机上。

8.7.2 SSH 服务器端的设置

1. 启动 SSH 服务

在服务器端安装好以后，默认是自启动的。如果没有启动，首先依次在“开始”→“程序”中找到 SSH 的程序组，然后单击“Configuration”打开配置界面，接着在左边菜单选项部分单击“Server Settings”，接着在右边窗口中单击“Start Service”，即可启动服务。

2. 更改服务端口

启动此服务后，一般来说就可以开始远程管理了；不过由于具体的网络环境不同，软件提供的默认参数肯定会不符合具体的环境，因此还必须对相关参数作进一步的调整，以阻止黑客趁机入侵服务器。

考虑到 SSH Server 服务在默认状态下，会打开服务器中的“22”端口。为了避免黑客通过该端口对服务器实施非法攻击，可以将 SSH Server 服务所用的端口号码修改成其他的陌生号码。在修改端口号码时，需要先依次单击“开始”→“程序”→“F-Secure SSH Server”→“Configuration”命令，打开“F-Secure SSH Server Configuration”窗口，再单击“Server Settings”项目下面的“Network”命令，在其后窗口的“Port”设置项处，输入新的端口号码，如“222”，如图 8-4 所示，再单击一下“Apply”按钮就可以了。

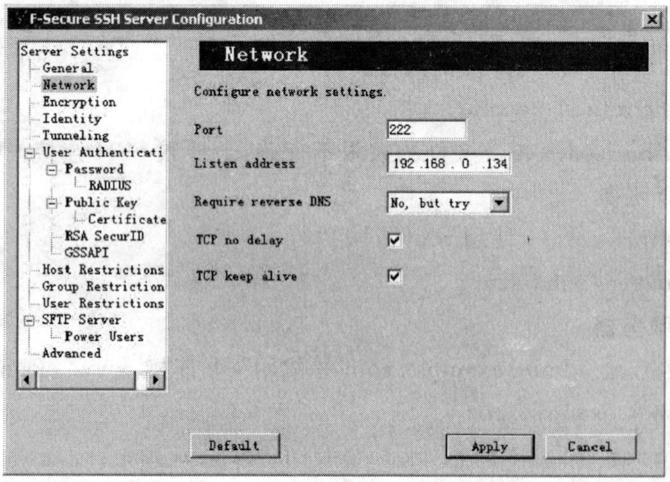

图 8-4　SSH 服务器端口配置

3. 限制访问者 IP 地址

为了进一步保护服务器的安全，用户还可以设置 SSH Server 服务，只允许通过特定的工作站来远程管理服务器，而不允许其他工作站随意访问服务器。在进行该项安全设置时，用户同样需要先打开“F-Secure SSH Server Configuration”窗口，再单击“Server Settings”菜单下面的“Host Restrictions”命令。在如图 8-5 所示界面的“Deny login from hosts”设置项处，可以输入不允许访问服务器的工作站 IP 地址，例如要是输入“192.168.0.125”，再单击“Apply”按钮后，即限制了该用户对服务器进行远程控制。

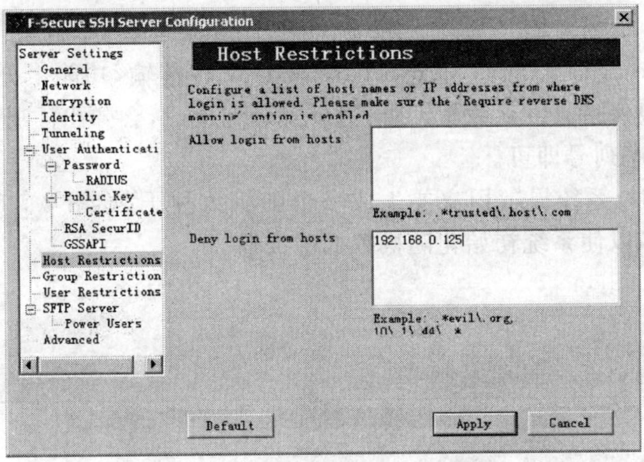

图 8-5　SSH 服务器客户地址配置

4. 限制并发连接数

此外，在默认状态下，SSH Server 服务允许用户同时和远程服务器建立多个连接，但多个远程连接不但会耗用太多的系统资源，而且还容易给服务器带来安全隐患，因此用户有必要设置一下 SSH Server 服务，让其远程连接数目限制在一个合适的范围之内。在限制连接数目时，必须先打开“F-Secure SSH Server Configuration”配置界面，再单击“Server Settings”菜单项下面的“General”命令，在其后界面的“Maximum number of connections”处输入合适的数值，例如输入数字“5”，如图 8-6 所示，再单击“Apply”按钮，服务器就可以同时接受 5 个远程连接，要是输入数字“0”的话，服务器对远程连接数目将不作限制。

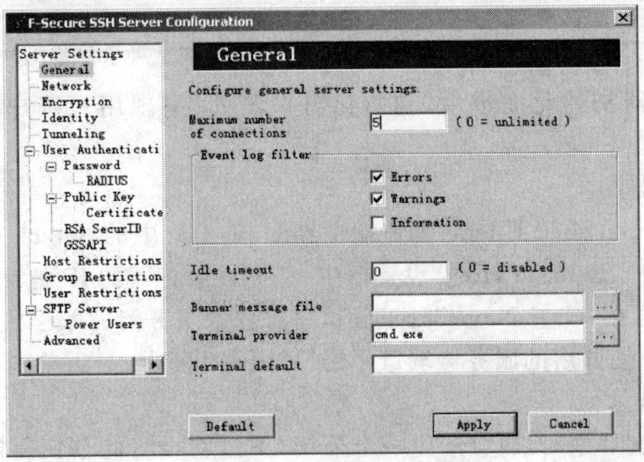

图 8-6　SSH 服务器连接数目配置

图 8-6 中的"Event log filter"选项用来定义系统日志应该记录的内容，默认情况下会勾选"Errors"和"Warnings"两项；如果服务器系统资源很充足的话，则可以勾选"Information"，否则会耗掉不少系统资源。

图 8-6 中的"Idle timeout"选项是设置用户远程登录的超时时间，其默认值为 0，意思是不限制登录的超时时间。

8.7.3 客户端的设置与连接

F-Secure SSH Client 是一个强大的 SSH 远程登录工具包，包括 3 个组件：F-Secure SSH 终端、F-Secure SSH Tunnel 和 F-Secure SSH 文件传输，功能十分全面。下载后的安装过程很简单，一般保持其默认设置即可；另外安装完成后，会弹出注册码的输入窗口，输入与服务器端同样的序列号即可。

(1) 首次运行时，系统提示用户要生成一个随机数种子，如图 8-7 所示。按照提示，将鼠标在窗口内移动，以使系统初始化随机数据生成器。

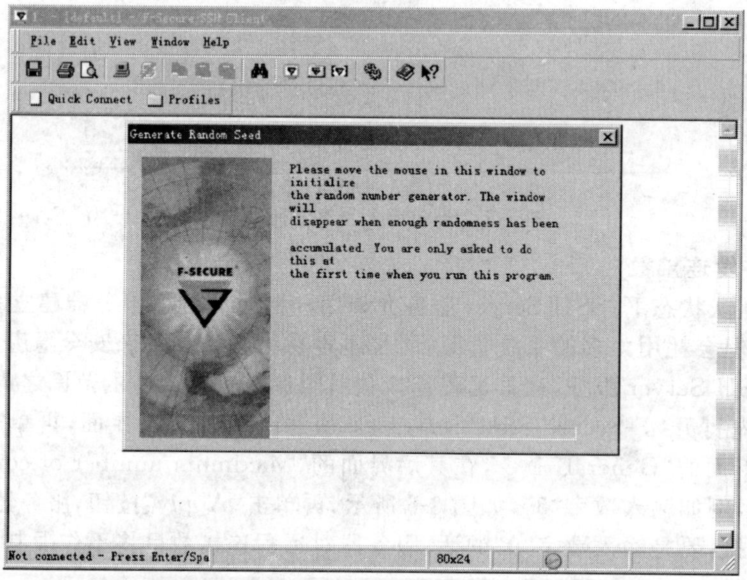

图 8-7　F-Secure SSH Client 初次运行的随机数种子初始化界面

随机数据生成器初始化完成后，初始化窗口消失，呈现用户客户端主界面，如图 8-8 所示。

(2) 连接服务器端。

打开"SSH Secure Shell Client"客户端主界面，单击其中的"Quick Connect"按钮，在其后打开的"Connect to Remote Host"设置框中，将远程服务器的 IP 地址填写在"Host name or IP address"处，再在"User Name"处正确填写好登录服务器的账号名，并且在"Port"处输入 SSH Server 服务使开启的服务器端口号码，如图 8-9 所示，最后单击"Connect"按钮即可连接到 SSH 服务器。

客户端在第一次登录时，也会产生一个公钥，不过它会将此公钥复制到 SSH 服务器上的用户目录中，以便服务器能对客户端发送的信息进行解密。用户目录在服务器上的存储路径为“...\Documents and Settings\用户名\”下。

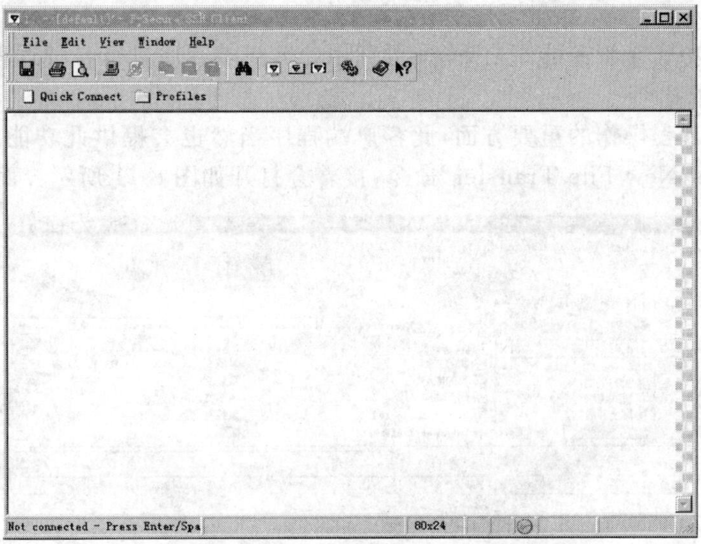

图 8-8　F-Secure SSH Client 的用户端主界面

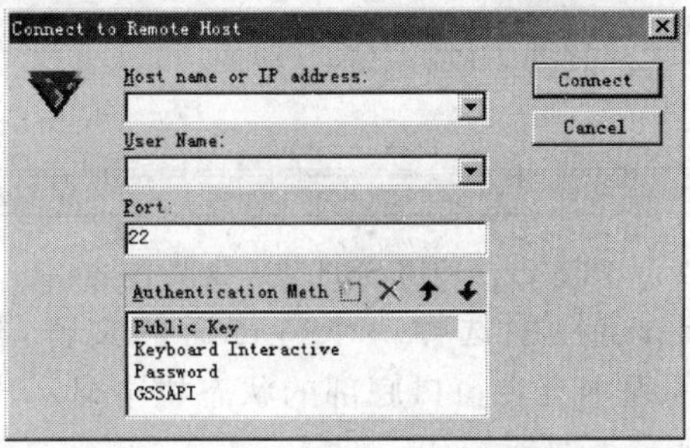

图 8-9　F-Secure SSH Client 的服务器连接设置

(3) 连接成功后会在客户端主界面窗口的标题栏和状态栏中显示服务器的 IP 地址，如图 8-10 所示。

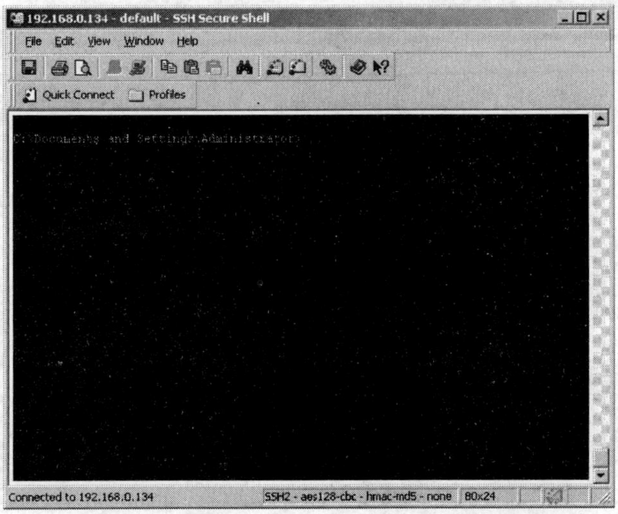

图 8-10　SSH 连接成功

8.7.4 应用举例

当客户端成功登录服务器端之后，即可利用此客户端程序进行各种远程操作。

1. 文件传输

文件传输是远程操作的重要方面，此客户端程序当然也会提供此功能。在主菜单上依次单击“Windows/New File Transfer”命令，接着会打开如图 8-11 所示界面。

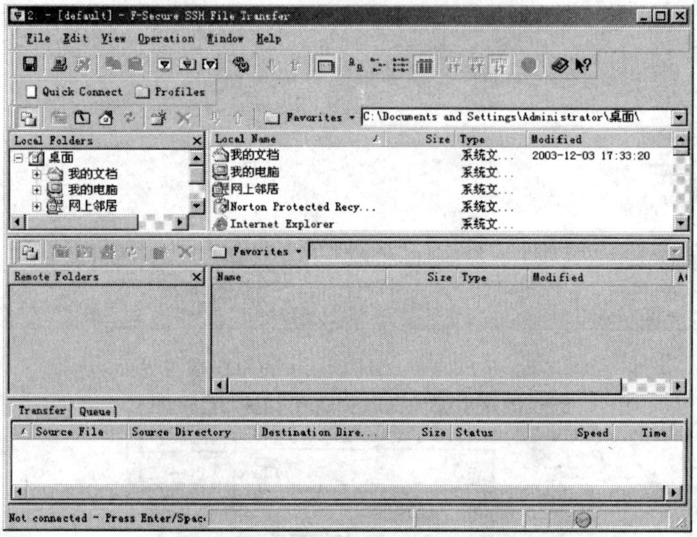

图 8-11 使用 SSH 进行文件传输

操作时，在“Local Folders”栏中选择一个待传送的文件，然后将其拖动到“Remote Folders”栏即可；在传送的过程中会在窗口底部的状态栏中显示出文件的传输状态。

2. 编辑 Profiles

另外，依次单击打开主菜单下的“File/Profiles/Edit Profiles”命令，在打开如图 8-12 所示的设置框中，可以设置让客户端程序启动即自动连接服务端、防火墙设置、密钥加密类型等方面。

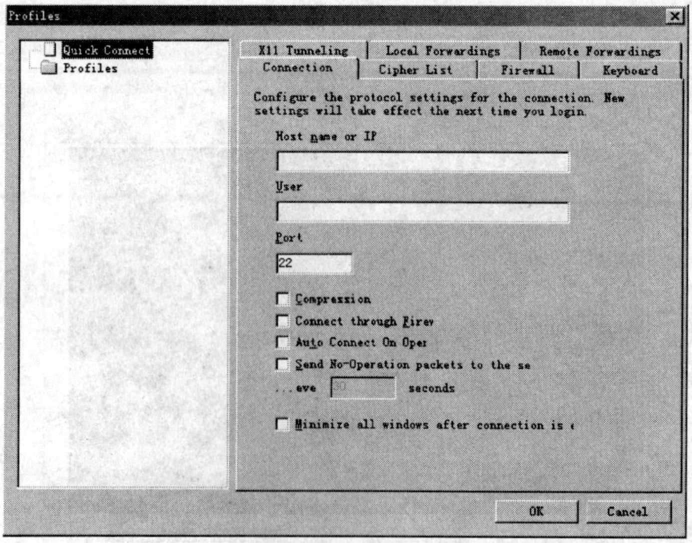

图 8-12 编辑 SSH 客户端的 Profiles

8.8 本章小结

传统的网络服务程序,如 FTP、POP 和 Telnet 在本质上都是不安全的,因为它们在网络上用明文传送口令和数据,别有用心的人非常容易就可以截获这些口令和数据。而且,这些服务程序的安全验证方式也是有其弱点的,就是很容易受到"中间人"(Man-In-the-Middle)这种方式的攻击。所谓"中间人"的攻击方式,就是"中间人"冒充真正的服务器接收用户传给服务器的数据,然后再冒充该用户把数据传给真正的服务器。服务器和真正的用户之间的数据传送被"中间人"做了手脚之后,就会出现很严重的问题。

SSH 是基于公钥的安全应用协议,由 SSH 传输层协议、SSH 用户认证协议和 SSH 连接协议 3 个子协议组成,各协议分工合作,通过对数据独立实现加密和认证操作来提供安全服务,以阻止"中间人"、DNS 和 IP 欺骗等攻击。SSH 还有一个额外的好处就是传输的数据可以进行压缩,所以可以加快传输的速度。SSH 有很多功能,它既可以代替 Telnet,又可以为 FTP、POP、甚至 PPP 提供一个安全的"通道"。

8.9 本章练习

一、填空题

1. SSH 的英文全称是________。

2. SSH 实际上是共同工作的________层协议组成。从体系结构图可以看出 SSH 安全协议实际是________协议、________协议和________协议组成的一个协议族。

3. SSH 提供两种级别的安全验证。第 1 种级别是基于________的安全验证。第 2 种级别是基于________的安全验证。

4. SSH 最常见的应用就是,用它来取代传统的________、________等网络应用程序,通过 SSH 登录到远方机器进行操作。

5. SSH 工作过程包含 5 个阶段:第 1 阶段________;第 2 阶段________;第 3 阶段________;第 4 阶段________;第 5 阶段________。

二、选择题

1. SSH 采用(　　)加密算法。

A. 对称　　B. 公开　　C. 混合　　D. 不采用

2. SSH 协议在(　　)中对数据进行保密性处理。

A. 传输层协议　　B. 用户认证协议　　C. 连接协议　　D. 无加密功能

3. SSH 协议中对数据的安全处理方式是(　　)。

A. 先加密后认证　　B. 先认证后加密

C. 认证和加密分别独立进行　　D. 不进行加密或认证处理

三、简答题

1. 简述 SSH 传输层协议、用户认证协议和连接协议的功能。
2. 简述 SSH 工作的主要过程。

四、实训题

1. 按照本章的介绍，试在一个 Web 服务器上安装运行 OpenSSH。
2. 按照本章的介绍，试在一个 Windows 2000 服务器上配置运行 SSH。

第 9 章　IPSec

学习目标

* 了解 IPSec 协议的组成部分。
* 了解 IPSec 提供的安全服务种类。
* 了解 IPSec 的工作原理。
* 了解 IPSec 的实际应用。

9.1　IPSec 的体系结构

IPSec 提供了两种安全机制:认证和加密。认证机制使 IP 通信的数据接收方能够确认数据发送方的真实身份以及数据在传输过程中是否遭篡改。加密机制通过对数据进行编码来保证数据的机密性,以防数据在传输过程中被窃听。IPSec 协议包含 Authentication Header(AH)协议、Encapsulating Security Payload(ESP)协议和 Internet Key Exchange (IKE)协议。其中 AH 协议定义了认证方法,提供数据源认证和完整性保证;ESP 协议定义了加密和可选认证方法,提供机密性保证。在实际进行 IP 通信时,可以根据实际安全需求同时使用这两种协议或选择使用其中的一种。AH 和 ESP 都可以提供认证服务,不过,AH 提供的认证服务要强于 ESP。IKE 用于密钥交换。

9.1.1　AH 协议结构

AH 协议为 IP 通信提供数据源认证、数据完整性和抗重放保证,它能保护通信免受篡改,但不能防止窃听,适合用于传输非机密数据。AH 的工作原理是在每一个数据报上添加一个身份验证报头。此报头包含一个带密钥的散列值(可以将其当作数字签名,只是它不使用证书),此散列值在整个数据报中计算,因此对数据的任何更改将致使散列无效,这样就提供了完整性保护。

AH 报头位置在 IP 报头和传输层协议报头之间,如图 9-1 所示。AH 由 IP 协议号“51”

标识,该值包含在 AH 报头之前的协议报头中,如 IP 报头。AH 可以单独使用,也可以与 ESP 协议结合使用。

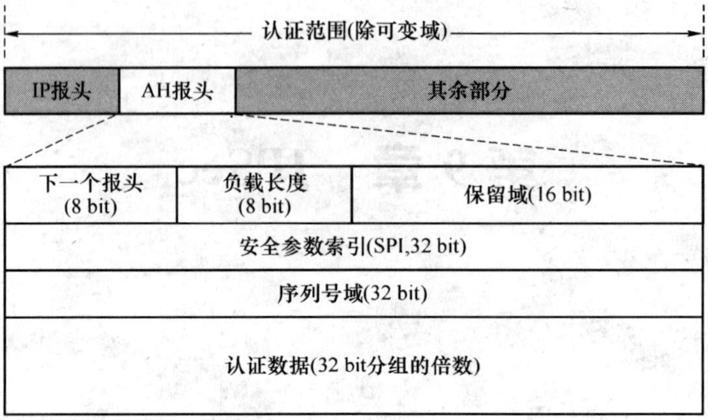

图 9-1　AH 报头的位置

AH 字段包括如下内容。

Next Header(下一个报头):识别下一个使用 IP 协议号的报头,例如,Next Header 值等于“6”,表示紧接其后的是 TCP 报头。

Length(长度):AH 报头长度。

Security Parameters Index(SPI,安全参数索引):这是一个为数据报识别安全关联的 32 bit伪随机值。SPI 值 0 被保留来表明“没有安全关联存在”。

Sequence Number(序列号):从 1 开始的 32 bit 单增序列号,不允许重复,唯一地标识了每一个发送数据报,为安全关联提供抗重放保护。接收端校验序列号为该字段值的数据报是否已经被接收过,若已经被接收过,则拒收该数据报。

Authentication Data(AD,认证数据):认证标签。接收端接收数据报后,首先执行散列计算,再与发送端所计算的该字段值比较,若两者相等,表示数据完整,若在传输过程中数据遭修改,两个计算结果不一致,则丢弃该数据报。

9.1.2　ESP 协议结构

ESP 将需要保护的用户数据进行加密后再封装到 IP 报中,主要为 IP 数据项提供机密性支持。另外,ESP 也可为 IP 数据报提供完整性检查和认证服务,可以看作是“超级 AH”。

ESP 的加密服务是可选的,但如果启用加密,则也就同时选择了完整性检查和认证。因为如果仅使用加密,入侵者就可能伪造报文发起密码分析攻击。

ESP 可以单独使用,也可以和 AH 结合使用。一般 ESP 不对整个数据报加密,而是只加密 IP 报的有效负载部分,不包括 IP 头。但在端对端的隧道通信中,ESP 需要对整个数据报加密。

ESP 的结构由 4 部分组成:ESP 报头、被保护的 IP 报有效负载数据、ESP 报尾和 ESP

认证报尾。如图 9-2 所示，ESP 报头插在 IP 报头之后。ESP 由 IP 协议号"50"标识。

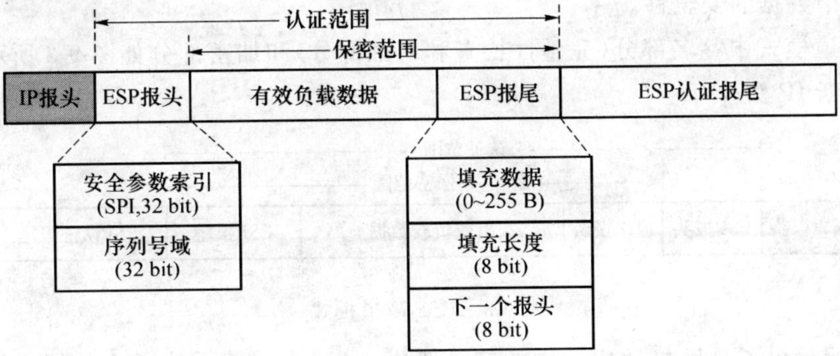

图 9-2　ESP 结构

(1) ESP 报头字段

Security Parameters Index(SPI，安全参数索引)：为数据报识别安全关联。

Sequence Number(序列号)：从 1 开始的 32 位单增序列号，不允许重复，唯一地标识了每一个发送的数据报，为安全关联提供反重播保护。接收端校验序列号为该字段值的数据报是否已经被接收过，若已经被接收过，则拒收该数据报。

(2) ESP 报尾字段

Padding(填充数据)：0～255 B。DH 算法要求数据长度(以位为单位)模 512 为 448，若应用数据长度不足，则用扩展位填充。

Padding Length(填充数据长度)：接收端根据该字段长度去除数据中扩展位。

Next Header(下一个报头)：识别下一个使用 IP 协议号的报头，如 TCP 或 UDP。

(3) ESP 认证报尾

Authentication Data(AD，认证数据)：消息认证码。完整性检查部分包括 ESP 报头、有效载荷(应用程序数据)和 ESP 报尾。

如图 9-2 所示，ESP 报头的位置在 IP 报头之后，TCP，UDP，或者 ICMP 等传输层协议报头之前(ESP 将它们看成需要保护的数据的一部分)。如果已经有其他 IPSec 协议使用，则 ESP 报头应插在其他任何 IPSec 协议报头之前。ESP 认证报尾的完整性检查部分包括 ESP 报头、传输层协议报头，应用数据和 ESP 报尾，但不包括 IP 报头，因此 ESP 不能保证 IP 报头不被篡改。ESP 加密部分包括上层传输协议信息、数据和 ESP 报尾。

9.1.3　ESP 隧道模式和 AH 隧道模式

以上介绍的是传输模式下的 AH 协议和 ESP 协议。ESP 和 AH 隧道模式与传输模式略有不同。

在隧道模式下，整个原数据报被当成有效载荷封装了起来，外面附上新的 IP 报头。其中"内部"IP 报头(原 IP 报头)指定最终的信源和信宿地址，而"外部"IP 报头(新 IP 报头)中包含的常常是做中间处理的安全网关地址。

与传输模式不同，在隧道模式中，原 IP 地址被当成有效载荷的一部分受到 IPSec 的安全保护，另外，通过对数据加密，还可以将数据报目的地址隐藏起来，这样更有助于保护端对端隧道通信中数据的安全性。

ESP 隧道模式中签名部分(完整性检查和认证部分)和加密部分如图 9-3 所示。ESP 的签名不包括新 IP 头。

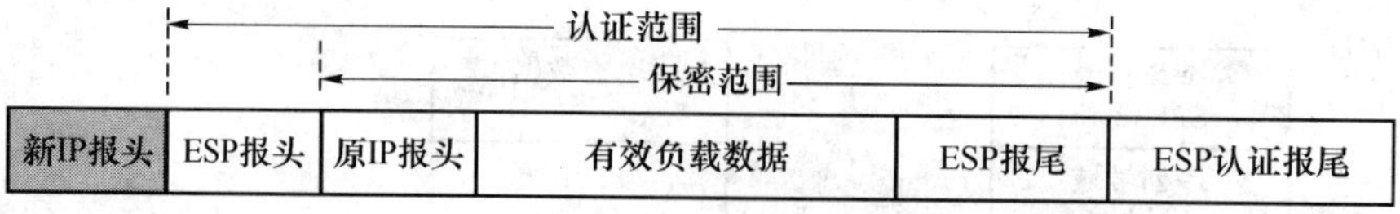

图 9-3　ESP 隧道模式

图 9-4 标示出了 AH 隧道模式中的签名部分。AH 隧道模式为整个数据报提供完整性检查和认证，认证功能优于 ESP。但在隧道技术中，AH 协议很少单独实现，通常与 ESP 协议组合使用。

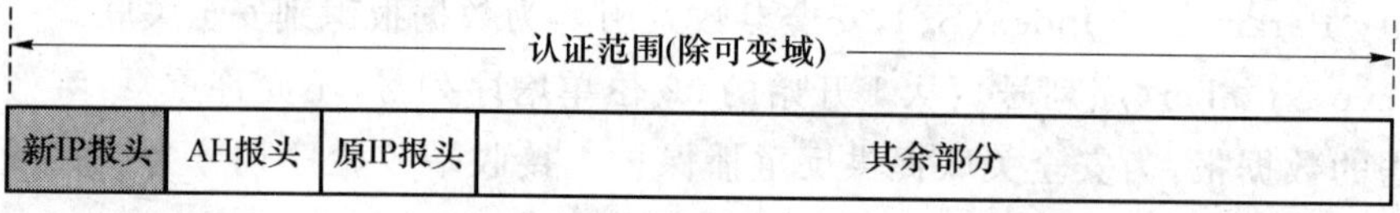

图 9-4　AH 隧道模式

9.1.4　AH 和 ESP 的综合应用

AH 和 ESP 对 IP 包的不同封装方式各有所长，ESP 传输模式不产生新的外部 IP 头，它认证和加密 IP 包的内容，因此可以防止 IP 包的内容被偷看和篡改，但是，它不加密 IP 头，因此，恶意攻击者可以知道 IP 包的来源地和目的地。它不认证 IP 头，因此 IP 头中的地址可以被修改。ESP 隧道模式产生新的外部 IP 头，它加密和认证了整个内部 IP 包，因此可以防止整个内部 IP 包被偷看和篡改。它没有加密和认证新的外部 IP 头，外部 IP 头可以被偷看和修改。AH 传输模式不产生新的外部 IP 头，它认证整个 IP 包(IP 头和内容)，因此可以防止整个 IP 包被篡改，但是，它不提供保密服务，因此整个 IP 包以明文形式传送无法防止被偷看。AH 隧道模式产生新的外部 IP 头，它认证了新的外部 IP 头和整个内部 IP 包，因此可以防止新 IP 头和内部 IP 包被修改，但是它不提供保密服务，因此无法保密。

从认证服务的角度来看，AH 和 ESP 都提供认证服务，但安全性大小不同，ESP 传输模式最弱，ESP 隧道模式中等，AH 传输模式和 AH 隧道模式最安全。

从保密服务的角度来看，AH 不提供保密服务而 ESP 提供保密服务，而且，ESP 隧道模式比 ESP 传输模式保密性高。

从时间和空间的开销来看，AH 和 ESP 的隧道模式由于生成额外的 IP 头，因此开销比传输模式大。

AH 和 ESP 的两种操作模式各有优势，具体使用什么安全协议及什么样的操作模式应根据实施 IPSec 的环境和具体的安全要求来灵活选择。

9.2　IPSec 的应用分析

IPSec 在因特网上的两台端主机上实施，可以实现端到端的安全通信。如图 9-5 至图9-8所示，其中虚线表示 ESP 传输模式保密认证；实线表示 AH 传输模式认证；点划线表示 ESP 隧道模式保密认证。

在两台分别位于安全网关 GA 和 GB 后的端主机 A 和 B 上实施 IPSec 时，在端主机 A 和 B 之间启用 ESP 传输模式保密认证，同时在安全网关 GA 和 GB 之间启用 AH 传输模式认证。

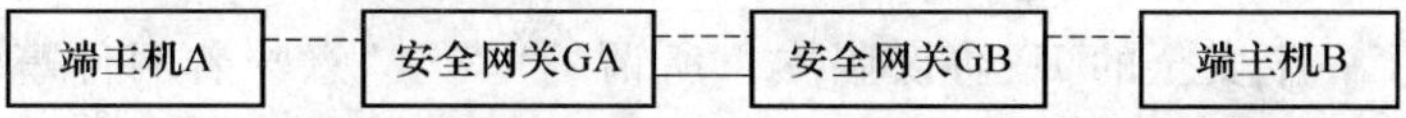

图 9-5　保障位于安全网关后的端到端的通信安全

在两台没有安全网关屏障的端主机 A 和 B 上实施 IPSec 时，在端主机 A 和 B 之间同时启用 ESP 传输模式保密和 AH 传输模式认证。

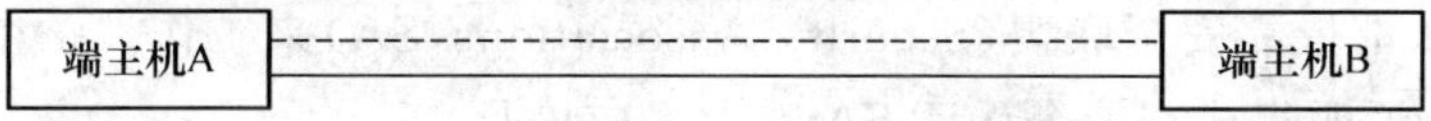

图 9-6　保障没有安全网关屏障的端到端的通信安全

在一台位于安全网关 GA 之后的端主机 A 和一台没有安全网关屏障的端主机 B 上实施 IPSec 时，在端主机 A 和 B 之间启用 ESP 传输模式保密，在安全网关 GA 和无安全网关屏障的端主机 B 之间启用 AH 传输模式认证。

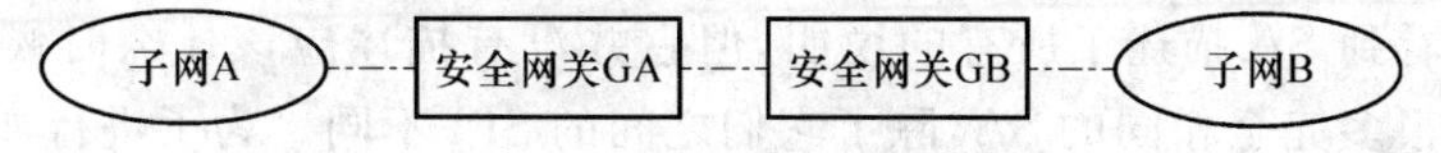

图 9-7　保障位于安全网关后的一端和无安全网关屏障的另一端的端到端的通信安全

在分散办公具有多个子网的公司的各个子网网关上启用 ESP 隧道模式，可以实现虚拟专用网(Virtual Private Network，VPN)，以保证各个子网间的数据流保密和认证。

图 9-8　保障 VPN 子网间的通信安全

9.3　Linux 环境下 IPSec 的应用实例

Linux 2.5.47 版内核里有一个内置的 IPSec 实现，是由 Alexey Kuznetsov 和 Dave Miller 在 USAGI IPv6 小组的启发下写成的。本节以 2.5.49 版内核的 IPSec 为例来说明 IPSec 的应用(或使用 2.5.48 的内核，请先确定已经打上所需的补丁)。编译内核的时候，要确认已经打开 CryptoAPI 中的"PF_KEY"、"AH"、"ESP"以及其他所有选项，netfilter 中的 TCP_MSS 方法现在不能用，请关掉。

在开始通信之间，首先要对两个主机之间的安全通信进行设置。其间的大部分工作都可以自动完成，但是为了了解细节下面先介绍手动完成的步骤。如果读者仅仅对自动密钥管理感兴趣，可以跳过 9.3.1 节，直接阅读"自动密钥管理"一节。但是要知道，了解手动密钥管理是很有用的。

9.3.1 手动密钥管理

很多 iptables 配置会丢弃 IPSec 数据包，要想让 IPSec 通过，运行：

```
iptables-A xxx-p 50-j ACCEPTiptables-A xxx-p 51-j ACCEPT
```

IPSec 提供了一个安全的 IP 协议版本。所谓的"安全"意味着两件事情：加密与认证。如果认为安全仅仅就是加密那就有些偏颇了。用户的通信过程或许是加密的，但是如何保证与通信的另一端就是期望中的人呢？

IPSec 使用 ESP 来支持加密，使用 AH 来支持对端认证。可以同时使用二者，也可以使用二者之一。

ESP 和 AH 都依靠安全联盟(Security Associations，SA)来工作。一个 SA 由一个源、一个目的和一个说明组成。一个认证 SA 看上去应该是：

```
add 10.0.0.11 10.0.0.216 ah 15700-A hmac-md5"1234567890123456";
```

其意思是从 10.0.0.11 到 10.0.0.216 的数据包需要 AH，使用 HMAC-MD5 签名，密码是 1234567890123456。这个说明的安全参数索引(Security Parameter Index，SPI)号码是 15700。有意思的是一个会话的两端都使用相同的 SA，它们是全等的，而不是镜像对称的。要注意的是，SA 并没有自动翻转规则，这个 SA 仅仅描述了从 10.0.0.11 到 10.0.0.216 的认证。如果需要双向安全，需要 2 条 SA。

一个简单的 ESP SA：

```
add 10.0.0.11 10.0.0.216 esp 15701-E 3des-cbc"123456789012123456789012";
```

其意思是从 10.0.0.11 到 10.0.0.216 的数据包需要 ESP，使用 3des-cbc 加密算法，密码是 123456789012123456789012。SPI 号码是 15701。

到此，可以看到 SA 描述了所有的说明，但它并没有描述应该什么时候用到这些策略。实际上，可以有很多完全相同的 SA，除了它们之间的 SPI 不同。为了进行加密操作，需要声明一个策略。这个策略可以包含诸如"如果可能的话使用 IPSec"或者"除非我们有 IPSec 否则丢弃数据包"这样的东西。

最简单的典型安全策略(Security Policy，SP)应该是这样的：

```
spdadd 10.0.0.216 10.0.0.11 any-P out ipsec \
esp/transport//require \
ah/transport//require;
```

如果在 10.0.0.216 上输入这个，就意味着凡是去往 10.0.0.11 的数据包必须经过加密并附带 AH 头认证。要注意，它并没有指出使用哪一个 SA，那是留给内核来决定的。

换句话说，SP 描述了用户需要什么；而 SA 描述了它应该如何实现。

发出的数据包打上 SA 的 API 标记，以便本端内核用来加密和认证、对端内核用来解密和认证。

接下来是一个非常简单的配置，用来从 10.0.0.216 到 10.0.0.11 使用加密和认证进行发包。值得注意的是，相反方向的发包仍然是明码传输的，没有进行相应的配置。

在 10.0.0.216 主机上：

```
#! /sbin/setkey-f
add 10.0.0.216 10.0.0.11 ah 24500-A hmac-md5"1234567890123456";
add 10.0.0.216 10.0.0.11 esp 24501-E 3des-cbc"123456789012123456789012";

spdadd 10.0.0.216 10.0.0.11 any-P out ipsec
  esp/transport//require
  ah/transport//require;
```

在 10.0.0.11 机器上，SA 是一样的，没有 SP：

```
#! /sbin/setkey-f
add 10.0.0.216 10.0.0.11 ah 24500-A hmac-md5"1234567890123456";
add 10.0.0.216 10.0.0.11 esp 24501-E 3des-cbc"123456789012123456789012";
```

经过上面的设置（如果用户在/sbin 下安装了“setkey”命令，以上脚本是可以执行的），从 10.0.0.216 上面“ping 10.0.0.11”的过程用 tcpdump 应该截获如下内容：

```
22:37:52 10.0.0.216>10.0.0.11:AH(spi = 0x00005fb4,seq = 0xa):ESP(spi =
0x00005fb5,seq = 0xa)(DF)
22:37:52 10.0.0.11>10.0.0.216:icmp:echo reply
```

注意，可看出从 10.0.0.11 返回的包的确是明码传输。Ping 的进一步细节用 tcpdump 当然看不到，但是它还是显示了用来告诉 10.0.0.11 如何进行解密和认证的参数——AH 和 ESP 的 SPI 值。

上面给出的配置在很多 IPSec 的配置范例中都有引用，确实是很危险的。问题就在于上述配置包含了 10.0.0.216 应该如何处理发往 10.0.0.11 的包，和 10.0.0.1 如何解释那些包，但是却没有指出 10.0.0.11 应当丢弃来自 10.0.0.216 的未进行加密及认证的包。

任何人都可以插入完全未加密的欺骗包，而 10.0.0.11 会不假思索地接受。为了弥补上述漏洞必须在 10.0.0.11 上增加一个针对进入数据包的 SP。

```
#! /sbin/setkey-f
spdadd 10.0.0.216 10.0.0.11 any-P IN ipsec
  esp/transport//require
  ah/transport//require;
```

这就指明了 10.0.0.11 收到来自 10.0.0.216 的包的时候需要正确的 ESP 和 AH 处理。

现在，可以完成这个配置，用户当然也希望回去的数据包也进行加密和头认证。10.0.0.216 上完整的配置应该是：

```
#! /sbin/setkey-f
flush;
spdflush;

#AH
add 10.0.0.11 10.0.0.216 ah 15700-A hmac-md5"1234567890123456";
add 10.0.0.216 10.0.0.11 ah 24500-A hmac-md5"1234567890123456";

# ESP
add 10.0.0.11 10.0.0.216 esp 15701-E 3des-cbc"123456789012123456789012";
add 10.0.0.216 10.0.0.11 esp 24501-E 3des-cbc"123456789012123456789012";

spdadd 10.0.0.216 10.0.0.11 any-P out ipsec
    esp/transport//require
    ah/transport//require;

spdadd 10.0.0.11 10.0.0.216 any-P in ipsec
    esp/transport//require
    ah/transport//require;
```

10.0.0.11 上：

```
#! /sbin/setkey-f
flush;
spdflush;

#AH
add 10.0.0.11 10.0.0.216 ah 15700-A hmac-md5"1234567890123456";
add 10.0.0.216 10.0.0.11 ah 24500-A hmac-md5"1234567890123456";

# ESP
add 10.0.0.11 10.0.0.216 esp 15701-E 3des-cbc"123456789012123456789012";
add 10.0.0.216 10.0.0.11 esp 24501-E 3des-cbc"123456789012123456789012";

spdadd 10.0.0.11 10.0.0.216 any-P out ipsec
    esp/transport//require
    ah/transport//require;
```

```
spdadd 10.0.0.216 10.0.0.11 any-P in ipsec
    esp/transport//require
    ah/transport//require;
```

值得注意的是，本例中通信双方的加密密钥是一样的。这在实际中是不会出现的。为了检测一下刚才的配置，运行一下：

```
setkey-D
```

就会显示出 SA，或者用：

```
setkey-DP
```

显示出 SP。

9.3.2 自动密钥管理

9.3.1 节介绍了使用简单共享的密码进行加密。换句话说，为了保密，用户必须通过一个安全的通道把加密配置传给对方。如果使用 Telnet 配置对方的机器，任何一个第三方都可能知道用户的共享密码，那么设置就是不安全的。

而且，因为密码是共享的，所以它就不成为真正意义的密码。就算对方不能用它做什么，但依然需要为每一个要进行 IPSec 通信的对方设置互不相同的密码。这需要生成大量的密钥，如果有 10 个成员需要通信，就至少需要 50 个不同的密码。

除了对称密钥的问题之外，还有解决密钥轮换的问题。如果第三方搜集到足够的数据包，就有可能反向计算出密钥。这可以通过每隔一段时间换用一个新密钥来解决，但是这必须自动完成。

另一个问题是，如上所述的手动密钥管理，用户必须精确地指定算法和密钥长度，与对方的协调也是个大问题。用户或许渴望能够用一种比较宽松的方式来描述密钥策略，例如，如果我们想用 3DES 或者 Blowfish 算法，密钥长度至少是多少位。

为了满足这些要求，IPSec 提供了 IKE 来自动随机生成密钥，并使用协商好的非对称加密算法进行密钥交换。

Linux 2.5 的 IPSec 实现利用 KAME 的“racoon”IKE 守护程序来进行。在 Alexey 的 iptools 发布包中的 racoon 是可以编译的，但是需要从两个文件中删除 ＃include＜net/route.h＞。读者也可以从网上下载编译好的版本。

IKE 需要使用 UDP 的 500 端口，确认 iptables 不会挡住数据包。

1. 如何让 IKE 工作

前面所介绍的自动密钥管理可以自动做很多事情，特别地，它会自动地动态生成 SA。但是，它并不会为用户自动设置 SP。

所以，如果想使用 IKE，需要设置好 SP，但不要设置任何 SA。内核如果发现有一个 IPSec 的 SP，但不存在任何相应的 SA，就会通知 IKE 守护程序，让它去协商。

因为一个 SP 决定了需要什么；而 SA 决定了如何得到它。使用自动密钥管理就可以让用户只关心需要什么就够了。

2. 配置 racoon

KAME 的 racoon 有非常多的选项，其中绝大部分都已经配置好了默认值，所以用户不用修改它们。如上面描述,管理员需要定义一个 SP 而不配置 SA,留给 IKE 守护程序去协商。

在这个例子中,仍然是 10.0.0.11 和 10.0.0.216 之间需要配置安全通信,但这次要借助于 racoon。为了简单起见,这个配置使用预先共享的密钥。

这里尽量保持默认配置,两台机器是一样的。

```
path pre_shared_key"/usr/local/etc/racoon/psk.txt";

remote anonymous
{
  exchange_mode aggressive,main;
  doi ipsec_doi;
  situation identity_only;

my_identifier address;

lifetime time 2 min; # sec,min,hour
initial_contact on;
proposal_check obey; # obey, strict or claim

proposal {
    encryption_algorithm 3des;
    hash_algorithm sha1;
    authentication_method pre_shared_key;
    dh_group 2 ;
}
}

sainfo anonymous
{
  pfs_group 1;
  lifetime time 2 min;
  encryption_algorithm 3des ;
  authentication_algorithm hmac_sha1;
  compression_algorithm deflate ;
}
```

实际上,有很多设置可以去掉而更接近默认配置。很少有值得注意的事情。这里配置了两个匿名配置,以支持所有的对方机器,让将来的配置简单些。这里没有必要为每台机器各写一个段落,除非真的有必要。

此外,这里还设置了基于 IP 地址来识别用户自己(my_identifier address),并声明用户可以使用 3DES、sha1,并且将使用预先共享的密钥(写在 psk.txt 中)。

在 psk.txt 中设置两个条目，两台机器上都不一样。

在 10.0.0.11 上：

```
10.0.0.216 password2
```

在 10.0.0.216 上：

```
10.0.0.11 password2
```

确认这些文件必须为 root 所有，属性是 0600，否则 racoon 将不信任其内容。两个机器上的这个文件是镜像对称的。

现在，就剩下设置 SP 了，这比较简单。

在 10.0.0.216 上：

```
#! /sbin/setkey-f
flush;
spdflush;

spdadd 10.0.0.216 10.0.0.11 any-P out ipsec
esp/transport//require;

spdadd 10.0.0.11 10.0.0.216 any-P in ipsec
esp/transport//require;
```

在 10.0.0.11 上：

```
#! /sbin/setkey-f
flush;
spdflush;

spdadd 10.0.0.11 10.0.0.216 any-P out ipsec
esp/transport//require;

spdadd 10.0.0.216 10.0.0.11 any-P in ipsec
esp/transport//require;
```

请注意这些 SP 的镜像对称规律。

现在可以启动 racoon 了。一旦启动，当用户试图从 10.0.0.11 到 10.0.0.216 进行 Telnet 的时候，racoon 就会开始协商：

```
12:18:44:INFO:isakmp.c:1689:isakmp_post_acquire():IPsec-SA
 request for 10.0.0.11 queued due to no phase1 found.
12:18:44:INFO:isakmp.c:794:isakmp_ph1begin_i():initiate new
 phase 1 negotiation:10.0.0.216[500]<=>10.0.0.11[500]
12:18:44:INFO:isakmp.c:799:isakmp_ph1begin_i():begin Aggressive mode.
12:18:44:INFO:vendorid.c:128:check_vendorid():received Vendor ID:
```

```
KAME/racoon
12:18:44:NOTIFY:oakley.c:2037:oakley_skeyid():couldn't find
 the proper pskey,try to get one by the peer's address.
12:18:44:INFO:isakmp.c:2417:log_ph1established():ISAKMP-SA
 established 10. 0. 0. 216 [500] - 10. 0. 0. 11 [500] spi: 044d25dede78a4d1:
ff01e5b4804f0680
12:18:45:INFO:isakmp.c:938:isakmp_ph2begin_i():initiate new phase 2
 negotiation:10.0.0.216[0]<=>10.0.0.11[0]
12:18:45:INFO:pfkey.c:1106:pk_recvupdate():IPsec-SA established:
 ESP/Transport 10.0.0.11->10.0.0.216 spi=44556347(0x2a7e03b)
12:18:45:INFO:pfkey.c:1318:pk_recvadd():IPsec-SA established:
 ESP/Transport 10.0.0.216->10.0.0.11 spi=15863890(0xf21052)
```

如果现在运行 setkey-D 列出 SA，就会发现其已经存在了。

```
10.0.0.216 10.0.0.11
esp mode=transport spi=224162611(0x0d5c7333)reqid=0(0x00000000)
E:3des-cbc 5d421c1b d33b2a9f 4e9055e3 857db9fc 211d9c95 ebaead04
A:hmac-sha1 c5537d66 f3c5d869 bd736ae2 08d22133 27f7aa99
seq=0x00000000 replay=4 flags=0x00000000 state=mature
created:Nov 11 12:28:45 2002 current:Nov 11 12:29:16 2002
diff:31(s) hard:600(s) soft:480(s)
last:Nov 11 12:29:12 2002 hard:0(s) soft:0(s)
current:304(bytes)hard:0(bytes)soft:0(bytes)
allocated:3 hard:0 soft:0
sadb_seq=1 pid=17112 refcnt=0
10.0.0.11 10.0.0.216
esp mode=transport spi=165123736(0x09d79698) reqid=0(0x00000000)
E:3des-cbc d7af8466 acd4f14c 872c5443 ec45a719 d4b3fde1 8d239d6a
A:hmac-sha1 41ccc388 4568ac49 19e4e024 628e240c 141ffe2f
seq=0x00000000 replay=4 flags=0x00000000 state=mature
created:Nov 11 12:28:45 2002 current:Nov 11 12:29:16 2002
diff:31(s) hard:600(s) soft:480(s)
last:          hard:0(s) soft:0(s)
current:231(bytes)hard:0(bytes)soft:0(bytes)
allocated:2 hard:0 soft:0
sadb_seq=0 pid=17112 refcnt=0
```

SP 配置如下：

```
10.0.0.11[any]10.0.0.216[any]tcp
in ipsec
```

```
esp/transport//require
created:Nov 11 12:28:28 2002 lastused:Nov 11 12:29:12 2002
lifetime:0(s)validtime:0(s)
spid = 3616 seq = 5 pid = 17134
refcnt = 3
10.0.0.216[any]10.0.0.11[any]tcp
out ipsec
esp/transport//require
created:Nov 11 12:28:28 2002 lastused:Nov 11 12:28:44 2002
lifetime:0(s) validtime:0(s)
spid = 3609 seq = 4 pid = 17134
refcnt = 3
```

应该注意的是,如果不能正常工作,检查一下所有的配置文件是不是为 root 所有,而且只有 root 才能读取。如想前台启动 racoon,就加上"-F"参数。如想强制它读取某一个配置文件来取代默认配置文件,使用参数"-f"。如想看到详细的细节,往 racoon. conf 中加入"log debug;"一行。

3. 使用 X.509 证书进行自动密钥管理

如前所述,之所以共享密码很困难,是因为它们一旦共享,就不再成为真正意义的密码。幸运的是,可以用非对称加密算法来解决这个问题。

如果 IPSec 的每个参与者都生成一对公钥和私钥,就可以让双方公开它们的公钥并设置策略,从而建立安全连接。

虽然需要一些计算,但生成密钥还是相对比较简单的。以下都是基于 OpenSSL 工具为主机生成一个 X.509 证书。

OpenSSL 搭好了很多基础结构,以便用户能够使用经过或者没有经过 CA 签署的密钥。

首先,为主机 laptop 发起一个"证书请求":

```
$ openssl req -new -nodes -newkey rsa:1024 -sha1 -keyform PEM -keyout\
  laptop.private -outform PEM -out request.pem
```

这是可能会问的问题:

```
Country Name (2 letter code)[AU]:NL
State or Province Name (full name) [Some-State]:.
Locality Name(eg, city)[]:Delft
Organization Name (eg, company)[Internet Widgits Pty Ltd]:Linux Advanced
Routing & Traffic Control
Organizational Unit Name (eg,section)[]:laptop
Common Name (eg, YOUR name) []:bert hubert
Email Address[]:ahu@ds9a.nl

Please enter the following'extra'attributes
```

```
to be sent with your certificate request
A challenge password []:
An optional company name []:
```

请根据自己的实际情况完整填写。可以把自己的主机名写进去，也可以不写，取决于自己的安全需求。

现在自己签署这个请求：

```
$ openssl x509 -req -in request.pem -signkey laptop.private -out\
  laptop.public
Signature ok
subject = /C = NL/L = Delft/O = Linux Advanced Routing & Traffic\
  Control/OU = laptop/CN = bert hubert/Email = ahu@ds9a.nl
Getting Private key
```

现在，“request.pem”这个文件已经没用了，可以删除。

在需要证书的每台机器上都重复上述过程。之后，就可以放心地发布用户的“*.public”文件了，但是一定要保证“*.private”是保密的。

4. 设置并启动 racoon

一旦拥有了一对公钥和私钥，就可以告诉 racoon 去使用它们了。

现在回到上面的配置中的两台机器，10.0.0.11(upstairs)和 10.0.0.216(laptop)。

在 10.0.0.11 上的 racoon.conf 中，添加下面的语句。

```
path certificate"/usr/local/etc/racoon/certs";

remote 10.0.0.216
{
  exchange_mode aggressive,main;
my_identifier asn1dn;
peers_identifier asn1dn;

certificate_type x509"upstairs.public""upstairs.private";

peers_certfile"laptop.public";
proposal{
        encryption_algorithm 3des;
hash_algorithm sha1;
authentication_method rsasig;
dh_group 2 ;
}
}
```

它们告诉 racoon：证书可以在/usr/local/etc/racoon/certs/那里找到。而且还包含了专门为 10.0.0.216 而写的配置项。

包含“asn1dn”的行告诉 racoon，本端和对端的标识都从公钥中提取。也就是上面输出的

"subject = /C = NL/L = Delft/O = Linux Advanced Routing & Traffic Control/OU = laptop/CN = bert hubert/Email = ahu@ds9a.nl"

“certificate_type”一行配置了本地的公钥和私钥。“peers_certfile”一行告诉 racoon 读取名叫“laptop.public”的文件取得对端的公钥。

“proposal”这一段与以前看到的基本一致，除了“authentication_method”的值变成了“rsasig”，意思是使用 RSA 公钥/私钥对。

在 10.0.0.216 上面的配置文件与上面的是完全镜像关系，没有其他改变。

```
path certificate "/usr/local/etc/racoon/certs";
remote 10.0.0.11
{
  exchange_mode aggressive,main;
my_identifier asn1dn;
    peers_identifier asn1dn;

    certificate_type x509 "laptop.public" "laptop.private";

  peers_certfile "upstairs.public";

 proposal {
            encryption_algorithm 3des;
    hash_algorithm sha1;
 authentication_method rsasig;
    dh_group 2 ;
  }
  }
```

现在，已经把两台机器的配置文件改好了，然后就应该把证书文件复制到正确的位置。“upstairs”这台机器需要往/usr/local/etc/racoon/certs 中放入 upstairs.private、upstairs.public 和 laptop.public。请确认这个目录属于 root，且属性为 0600，否则 racoon 会拒绝使用。

“laptop”这台机器需要往/usr/local/etc/racoon/certs 中放入 laptop.private、laptop.public 和 upstairs.public。也就是说，每台机器都需要本端的公钥和私钥，以及对端的公钥。

确认一下已经写好了 SP(执行在 7.2.2 节中提到的 spdadd)。然后启动 racoon，就可以工作了。

为了与对端建立安全的通信，必须交换公钥。公钥没必要保密，重要的是要保证它不被替换。换句话说，要确保没有“中间人”。

为了简化这个工作，OpenSSL 提供了“digest”命令：

```
$ openssl dgst upstairs.public
MD5(upstairs.public) = 78a3bddafb4d681c1ca8ed4d23da4ff1
```

现在要做的就是检验一下对方是否能够得到相同的 MD5 散列值。这可以通过真实的接触来完成，也可以通过电话，但是一定不要与公钥放在同一封电子邮件里发送。

另一个办法是通过一个可信的第三方(CA)来实现。这个 CA 会为用户的密钥进行签名，而不是像上面那样由用户自己签名。

9.3.3 建立 IPSec 安全隧道

迄今为止介绍的只是 IPSec 的“transport”(传输)模式，也就是通信的两端都能够直接理解 IPSec。这不能代表所有的情况，有时候只需要路由器理解 IPSec，路由器后面的机器利用它们进行通信。这就是所谓的“tunnel mode”(隧道模式)。

设置 tunnel mode 很简单。如果想通过 10.0.0.216 与 10.0.0.11 建立的隧道来传输从 10.0.0.0/24 到 130.161.0.0/16 的数据包，按下面配置就可以：

```
#! /sbin/setkey-f
flush;
spdflush;

add 10.0.0.216 10.0.0.11 esp 34501
-m tunnel
-E 3des-cbc"123456789012123456789012";

spdadd 10.0.0.0/24 130.161.0.0/16 any-P out ipsec
        esp/tunnel/10.0.0.216-10.0.0.11/require;
```

注意，“-m tunnel”是关键。这里首先配置了一个隧道两端(10.0.0.216 与 10.0.0.11)使用 ESP 的 SA。然后配置了实际的隧道。它指示内核，对于从 10.0.0.0/24 到 130.161.0.0/16的数据包需要加密。而且这些数据包被发往 10.0.0.11。

10.0.0.11 也需要相同的配置。

```
#! /sbin/setkey-f
flush;
spdflush;

add 10.0.0.216 10.0.0.11 esp 34501
-m tunnel
-E 3des-cbc"123456789012123456789012";

spdadd 10.0.0.0/24 130.161.0.0/16 any-P in ipsec
     esp/tunnel/10.0.0.216-10.0.0.11/require;
```

注意，与上面基本一样，除了把“-P out”换成了“-P in”。就像先前的例子一样，这里只配置了单向的传输。读者可以按照同样的方式完整地实现双向传输配置。这种配置的另一个更直观的名字叫做“ESP 代理(proxy ESP)”。值得注意的是,IPSec 隧道需要内核能够进行 IP 转发。

9.4 Windows 2000 下基于 IPSec 的 VPN

9.4.1 Windows 2000 中 IPSec 的配置

本节介绍在 Windows 环境下,基于 IPSec 的 VPN 中网关到网关的配置步骤。其中地址均为假设的。如图 9-9 所示,所需环境为:两台安装 Windows 2000 Server 的 PC,分别安装两块网卡,称其为 A 机和 B 机,A 机所在私有地址段为 192.168.1.0/255.255.255.0,互联网端网卡 IP 地址为 202.1.1.1/255.255.255.0,B 机所在私有地址段为 192.168.2.0/255.255.255.0,互联网端网卡 IP 地址为 202.1.1.2/255.255.255.0,用一交叉网线直连 A、B 两机模拟互联网,另外一台内网 PC 地址 192.168.2.2/255.255.255.0,称为 C 机。目的是通过 VPN 将两段内部网络互联。

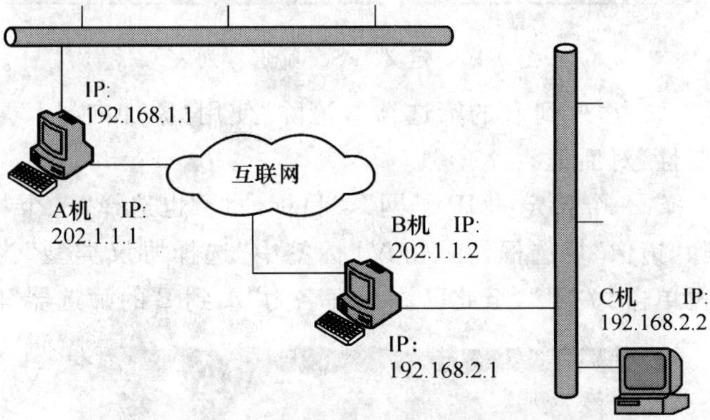

图 9-9 配置 IPSec 的模拟网络环境图

IPSec 网关 A 机和 B 机需要配置的主要内容为:创建 IPSec 策略;定义 IPSec 筛选器列表(Filter List);配置 IPSec 筛选器操作(Filter Action);配置身份验证方法。

1. 创建 IPSec 策略

(1) 在 A 机上运行 IPSec 策略管理控制台。“开始”→“程序”→“管理工具”→“本地安全策略”,右击“IP 安全策略,在本地机器”,选择“创建 IP 安全策略”,出现 IP 安全策略向导。

(2) 单击“下一步”。

(3) 命名所建的安全策略,如“A 和 B 的安全通信”,单击“下一步”。

(4) 清除“激活默认响应规则”复选框,单击“下一步”。

(5) 选中“编辑”复选框,单击“完成”,至此已创建名为“A 和 B 的安全通信”的 IP 安全策略,以下步骤为设置其属性。

2. 定义 IPSec 筛选器列表

(1) 在“A 和 B 的安全通信属性”框中，清除“使用‘添加向导’”复选框，单击“添加”按钮，添加 IPSec 筛选器，如图 9-10 所示。

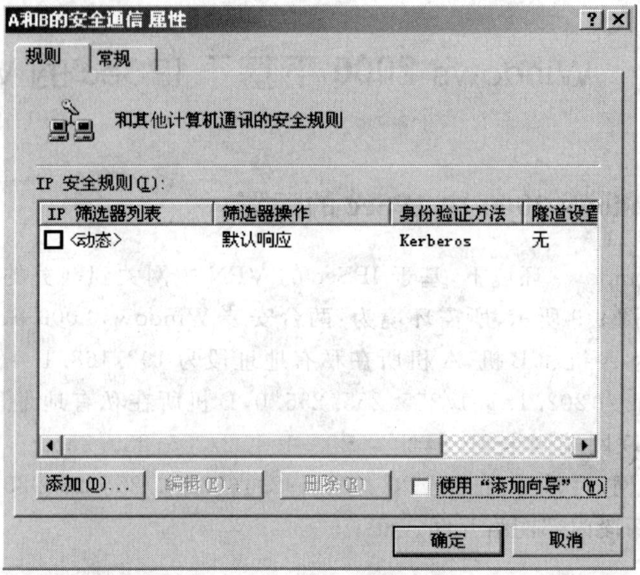

图 9-10　定义 IPSec 筛选器列表

(2) 命名筛选器，如为“A 到 B 的筛选器”，清除“使用‘添加向导’”复选框，单击“添加”按钮，出现“筛选器属性”对话框。

(3) “源地址”选择“一个特定的 IP 子网”，“目标地址”也选择“一个特定的 IP 子网”，分别填上 IP 地址，清除“镜像”复选框，在“协议”标签中“选择协议类型”为“任意”，如图 9-11 所示，单击“确定”，再单击“关闭”，至此已添加好名为“A 到 B 的筛选器”的筛选器。

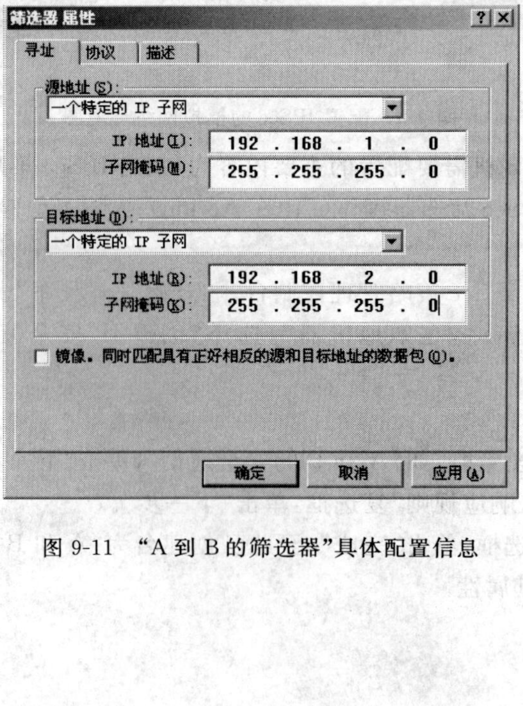

图 9-11　“A 到 B 的筛选器”具体配置信息

3. 定义 IPSec 筛选器操作

(1) 在“编辑规则属性”对话框中，单击“IP 筛选器列表”标签，选中新建的“A 到 B 的筛选器”，再单击“IP 筛选器操作”标签，单击“添加”按钮，在“筛选器操作属性”对话框中，选择“常规”标签，命名该操作，如“A 和 B 筛选器操作”，选择“安全措施”标签，单击“添加”按钮。

(2) 选择“自定义”单选框，单击“设置”按钮。

(3) 在此对话框中，设置 AH 完整性算法和 ESP 完整性算法和加密算法，如 AH 选 MD5，ESP 选 SHA-1 和 3DES，单击“确定”，再单击“确定”，出现如下对话框，如图 9-12 所示，单击“确定”，至此已添加好名为“A 到 B 的筛选器操作”的筛选器操作。

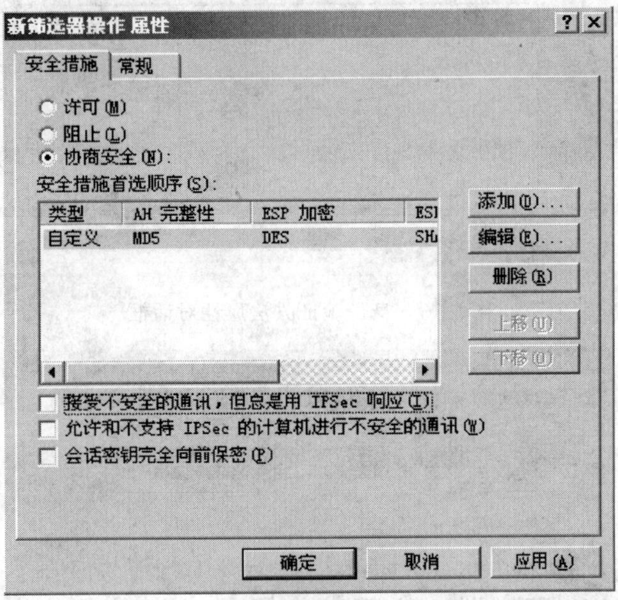

图 9-12　筛选器操作属性对话框

4. 配置身份验证方法

身份验证方法定义在筛选器适用的通信中需如何验证标识。双方都必须至少有一个通用身份验证方法，否则通信将失败。Windows 2000 提供 Kerberos、公钥证书、指定预共享密钥 3 种身份验证方法，使用 Kerberos 需合理设置 A、B 机之间的域关系，使用公钥证书需申请和安装相应证书，甚至需建立 CA，为简化起见，此处只介绍使用指定预共享密钥的身份验证方法配置步骤。

(1) 在“编辑规则属性”对话框中，确保在“IP 筛选器列表”标签中选中“A 到 B 筛选器”，在“IP 筛选器操作”标签中选中“A 到 B 筛选器操作”，然后单击“身份验证方法”标签。

(2) 单击“添加”按钮，选择“此字串用来保护密钥交换(预共享密钥)”单选框，输入“123456789”，单击“确定”。至此已配置好身份验证方法，如图 9-13 所示。

5. 设置隧道终点

(1) 在“编辑规则属性”对话框中，单击“隧道设置”标签。

(2) 选择“隧道终点有此 IP 地址指定”，并输入 B 机互联网端地址 202.1.1.2。如图

9-14所示。

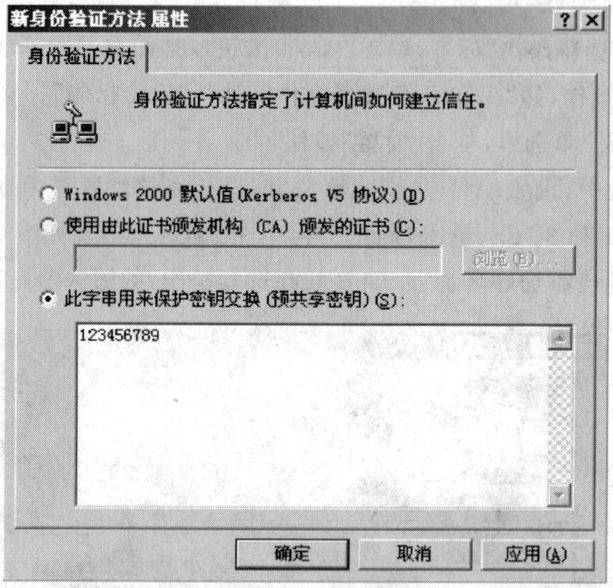

图 9-13　身份验证方法属性对话框

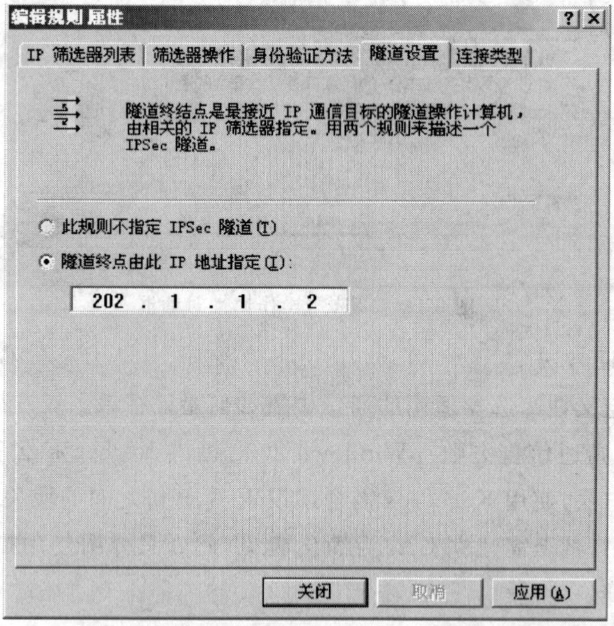

图 9-14　设置隧道终点界面

6. 配置入站筛选器

IPSec需要在筛选器列表中指定的计算机之间同时有入站和出站筛选器。入站筛选器适用于传入的通信,并允许接收端的计算机响应安全通信请求;或者按照IP筛选器列表匹配通信。出站筛选器适用于传出的通信,并触发一个在通信发送之前进行的安全协商。例如,如果计算机A要与计算机B安全地交换数据,则:

计算机 A 上的活动 IPSec 策略必须有针对计算机 B 的任何出站包的筛选器，即 Source＝A 且 Destination＝B。

计算机 A 上的活动 IPSec 策略必须有针对计算机 B 的任何入站包的筛选器，即 Source＝B 且 Destination＝A。

每方都必须有反向的筛选器，即：

计算机 B 上的活动 IPSec 策略必须有针对计算机 A 的任何入站包的筛选器，即 Source＝A 且 Destination＝B。

计算机 B 上的活动 IPSec 策略必须有针对计算机 A 的任何出站包的筛选器，即 Source＝B 且 Destination＝A。

因此，至此还只是设置好了 A 机上的出站筛选器（隧道终点是 B 机），还需在 A 机按 2 至 5 的步骤设置 A 机上的入站筛选器（隧道终点是 A 机本身），只需将源和目的 IP 子网地址互换，且此时的隧道终点 IP 地址为 202.1.1.1 即可。

B 机上的配置步骤：完全按在 A 机的配置过程，在 B 机上做同样配置，只需注意源和目的 IP 子网地址及隧道终点 IP 地址不要设置混淆即可。

9.4.2 测试 IPSec 策略

按要求分别在 A、B 两机配置好 IPSec 策略后，需测试其是否正常工作，在测试前需将 A、B 两机配置成路由器，并启用 IP 路由功能，以在两网卡间路由 IP 包（启用方法在“管理工具”中的“路由和远程访问”工具中启用）。同时需在 A 机上添加到 B 机所在内网段的路由项，在 B 机上添加到 A 机所在内网段的路由项。在做好这些准备工作后，IPSec 策略测试步骤如下。

（1）运行 IPSec 策略管理控制台，在左边窗口选择“IP 安全策略，在本地机器”，在右边窗口出现创建的名为“A 和 B 的安全通信”的 IPSec 策略，右击“A 和 B 的安全通信”，选择“指派”，则其“策略已指派”栏由“否”变为“是”。在 A、B 两机上均需做此操作。

（2）在 C 机上打开命令窗口，做 Ping 操作（即 ping-t 192.168.1.1）。该操作中源和目的 IP 地址匹配上面在 A、B 两机上设置的筛选器，其将触发 B、A 之间的安全通信。

（3）在 B 机上打开 IP 安全监控工具（“开始”→“运行”→“ipsecmon”）。此时在其窗口上可看到目前在用 A、B 机之间建立的 SA 详细信息及发送和接收的身份验证字节数和加密的字节数等。

本例中设置的 IP 筛选器协议选择的是默认的“任意”值，其实还可以非常灵活地设置源和目的协议、端口号等，以设置更严格的过滤器规则。

Windows 2000 的 IPSec 服务为建立基于 IPSec 的 VPN 提供了非常方便的手段，利用它建立起来的安全通信对应用程序是完全透明的，应用程序不需做任何修改就可以获得安全通信功能。同时，Windows 2000 中的 IPSec 功能在内部局域网中建立关键主机之间的安全加密通信也是非常方便有效的。它是通过采用 IPSec 的传输模式工作方式来实现的，不需改变或增加 IP 地址，可以非常方便地实现对关键主机之间的不同类型流量实施不同的安全策略。

9.5 本章小结

IPSec协议不是一个单独的协议，它给出了应用于IP层上网络数据安全的一整套体系结构，包括网络认证协议AH、封装安全载荷协议ESP、密钥管理协议IKE和用于网络认证及加密的一些算法等。IPSec规定了如何在对等层之间选择安全协议、确定安全算法和密钥交换，向上提供了访问控制、数据源认证、数据加密等网络安全服务。

IPSec是设计来达到网络层中端对端安全通信的第三层协议，它主要的架构是IP认证标头AH以及IP封装安全装载ESP。AH提供数据的完整性和认证，但不包括机密性，而ESP原则上只提供机密性，但也可在ESP头中设定适当的算法及模式来确保数据的完整性并认证。AH和ESP可以分开使用或一起使用。

IPSec可以为IP提供基于加密的互操作性强的、高质量的安全通信。其所支持的安全服务包括存取控制、数据完整性、数据起源认证和加密。这些服务在IP层实现，提供IP层或IP层之上的保护。实现网络层的加密和认证可以在网络结构上提供一个端到端的安全解决方案。这样终端系统和应用程序不需要任何改变就可以利用强有力的安全性保障用户的网络内部结构。因为加密报文类似于通常IP报文，因此可以很容易通过任意IP网络，而无须改变中间的网络设备。只有终端网络设备才需要了解加密，这可以大大减小实现与管理的开销。由于IPSec的实现位于网络层上，实现IPSec的设备仍可进行正常的IP通信，这样可以实现设备的远程监控和配置。

9.6 本章练习

一、填空题

1. IPSec的英文全称是________。

2. IPSec以对称加密算法和公钥加密算法相结合，达到________、________、________和________4方面的安全通信目标。

3. IPSec协议位于端对端安全通信的________层，为________层之上提供安全服务。

4. IPSec中对数据的认证是由________来完成的，对数据的保密性是由________来完成的。

5. IPSec中的AH和ESP可以工作在________和________两种模式。

二、选择题

1. IPSec采用(　　)加密算法。

A. 对称　　B. 公开　　C. 混合　　D. 不采用

2. IPSec协议在(　　)中对数据进行保密性处理。

A. AH　　B. ESP　　C. 两者都能　　D. 两者都不能

3. IPSec 协议中对数据的安全处理方式是(　　)。

A. 先加密后认证　　B. 先认证后加密

C. 认证和加密分别独立进行　　D. 不进行加密或认证处理

三、简答题

1. 简述 IPSec 的传输模式中 AH 和 ESP 的认证及保密范围。

2. 简述 IPSec 中 ESP 和 AH 隧道模式与传输模式的不同。

四、实训题

1. 按照本章的介绍,试在一个 Linux 环境下安装运行 IPSec。

2. 按照本章的介绍,试在一个 Windows 环境下配置运行 IPSec。

第10章　PGP

学习目标

* 了解PGP的安全功能及工作机制。
* 了解PGP的实例应用。

10.1　电子邮件安全需求

电子邮件是最常见的网络应用,但是普通的电子邮件是明文传递,电子邮件的保密性难以得到保证,同时电子邮件的完整性也是存在安全问题。针对电子邮件安全问题,人们利用PGP(Pretty Good Privacy)保护电子邮件的安全。它能够以防止非授权者阅读邮件,并能对用户的邮件加上数字签名,从而使收信人可以确信发信人的身份。PGP应用了多种加密算法,将传统的对称加密算法与公钥加密算法结合起来,兼备了两者的优点。其中密钥管理算法选用RSA、数据加密算法IDEA、完整性检测和数字签名算法采用了MD5和RSA以及随机数生成器。PGP将这些密码技术有机集成在一起,提供了一种机密性和完整性的服务,支持1 024 bit的公钥与128 bit的对称加密算法,很好地解决了电子邮件的安全传输问题。

10.2　PGP的工作机制

10.2.1　PGP的安全服务

PGP的实际操作由5种服务组成:认证、机密性、电子邮件的兼容性、压缩、分段和重装。

1. 消息认证

PGP进行消息认证的步骤如下:

(1) 发送者创建报文;

(2) 发送者使用SHA-1生成报文的160 bit消息摘要;

(3) 发送者使用自己的私钥,采用RSA算法对散列值进行加密,串接在报文的前面;

(4) 接收者使用发送者的公钥，采用 RSA 解密和恢复散列值；

(5) 接收者为报文生成新的散列值，并与被解密的散列值相比较。如果两者匹配，则报文作为已消息认证的报文而接收。

另外，签名是可以分离的。例如法律合同，需要多方签名，每个人的签名是独立的，因而可以仅应用到文档上。否则，签名将只能递归使用，第 2 个签名对文档的第 1 个签名进行签名，依此类推。

2. 机密性

在 PGP 中，每个常规密钥只使用一次，即对每个报文生成新的 128 bit 的随机数。为了保护密钥，使用接收者的公钥对它进行加密。其主要步骤如下：

(1) 发送者生成报文和用作该报文会话密钥的 128 bit 随机数；

(2) 发送者采用 IDEA 密码算法，使用会话密钥对报文进行加密，也可使用 3DES 或 CAST-128；

(3) 发送者采用 RSA 算法，使用接收者的公钥对会话密钥进行加密，并附加到报文前面；

(4) 接收者采用 RSA 算法，使用自己的私钥解密和恢复会话密钥；

(5) 接收者使用会话密钥解密报文。

除了使用 RSA 算法加密外，PGP 还提供了 ElGamal 算法。

使用对称加密算法与公钥加密算法相结合有下列优势：

(1) 对称加密算法和公钥加密算法相结合使用比直接使用 RSA 或 ElGamal 要快得多；

(2) 使用公钥加密算法解决了会话密钥分配问题；

(3) 由于电子邮件的存储转发特性，使用握手协议来保证双方具有相同会话密钥的方法是不现实的，而使用一次性的对称密钥加强了已经是很强的对称加密算法。

如上所述，PGP 对报文可以同时使用两个服务。首先为明文生成签名并附加到报文首部；然后使用 IDEA(或 CAST-128、3DES)对明文报文和签名进行加密，再使用 RSA(或 ElGamal)对会话密钥进行加密。在这里要注意次序，如果先加密再签名的话，别人可以将签名去掉后签上自己的签名，从而篡改签名。

3. 电子邮件的兼容性

当使用 PGP 时，至少传输报文的一部分需要加密，因此部分或全部的结果报文由任意字节流组成。但由于很多的电子邮件系统只允许使用由 ASCII 正文组成的块，所以 PGP 提供了 radix-64(就是 MIME 的 BASE 64 格式)转换方案，将原始二进制流转化为可打印的 ASCII 字符。

4. 压缩

PGP 在加密前进行预压缩处理，PGP 内核使用 PKZIP 算法压缩加密前的明文。一方面对电子邮件而言，压缩后再经过 radix-64 编码有可能比明文更短，这就节省了网络传输的时间和存储空间；另一方面，明文经过压缩，实际上相当于经过一次变换，对明文攻击的抵御能力更强。

5. 分段和重装

电子邮件设施经常受限于最大报文长度(50 000 个)八位组的限制。分段是在所有其他的处理(包括 radix-64 转换)完成后才进行的，因此，会话密钥部分和签名部分只在第 1 个报文段的开始位置出现一次。在接收端，PGP 必须剥掉所在的电子邮件首部，并且重新装配成原来的完整的分组。

10.2.2 加密密钥和密钥环

1. 会话密钥的生成

PGP 的会话密钥是个随机数，它是基于 ANSI X.917 的算法由随机数生成器产生的。随机数生成器从用户敲键盘的时间间隔上取得随机数种子。对于磁盘上的 randseed.bin 文件是采用和邮件同样强度的加密。这有效地防止了他人从 randseed.bin 文件中分析出实际加密密钥的规律。

2. 密钥 ID

PGP 允许用户拥有多个公/私钥对：

(1) 不时改变密钥对；

(2) 同一时刻，多个密钥对在不同的通信组交互。

所以用户和他们的密钥对之间不存在一一对应关系。假设 A 给 B 发信，B 就不知道用哪个私钥和哪个公钥认证。因此，PGP 给每个用户公钥指定一个密钥 ID，这在用户 ID 中可能是唯一的。它由公钥的最低 64 bit 组成，这个长度足以使密钥 ID 重复概率非常小。

3. 密钥环

密钥需要以一种系统化的方法来存储和组织，以便有效和高效地使用。PGP 在每个节点提供一对数据结构，一个是存储该节点自己的公/私钥对(私钥环)；另一个是存储该节点知道的其他所有用户的公钥。相应地，这些数据结构被称为私钥环和公钥环。

10.2.3 公钥的管理机制

公钥管理机制的提出解决了对称加密算法的密钥分配过程不安全、不方便的缺点。但公钥的发布仍然可能存在安全性问题，例如，公钥被篡改(Public Key Tampering)，使得使用公钥与公钥持有人的公钥不一致。这在公钥密码体系中是很严重的安全问题。因此必须帮助用户确信使用的公钥是与他通信的对方的公钥。

PGP 有如下防止篡改公钥的方法。

(1) 直接从用户手中得到其公钥，这种方法有局限性。

(2) 通过电话认证密钥，在电话上以 radix-64 的形式口述密钥或密钥指纹。密钥指纹(Keys Fingerprint)就是 PGP 生成密钥的 160 bit 的 SHA-1 摘要(16 个 8 位十六进制)。

(3) 从双方信任的第三方那里获得用户的公钥。如果 A 和 B 有一个共同的朋友 D，而 D 知道他手中的 B 的公钥是正确的。经 D 签名的 B 的公钥上传到 BBS 上让用户去拿，A 想要获得 B 的公钥就必须先获取 D 的公钥来解密 BBS 或网上经过 D 签名的 B 的公钥，这样就等于加了双重保险，一般没有可能去篡改而不被用户发现，即使是 BBS 管理员也不行。这就是从公共渠道传递公钥的安全手段。有可能 A 拿到的 D 或其他签名的朋友的公钥也是假的，但这就要求攻击者 C 必须对三人甚至很多人都很熟悉，这样的可能性不大，而且必须经过长时间的策划。

PGP 把用不同私钥签名的公钥收集在一起，发送到公共场合，希望大部分从至少认识其中一个，从而间接认证了用户 A 的公钥。同样用户 D 签了朋友 A 的公钥后应该寄回给 A(朋友)，这样可以让 A 通过该用户 D 被该用户 D 的其他朋友所认证。与现实中人的交往一样。PGP 会自动根据用户拿到的公钥分析出哪些是朋友介绍来的签名的公钥，把它们赋予不同的信任级别，供用户参考决定对它们的信任程度。这种通过双方都信任的第三方获得用户公钥的方式称为密钥转介。PGP 也可指定某人有几层转介公钥的能力，这种能力随着认证的传递而递减。

(4) 由一个普通信任的机构担当第三方，即"认证机构"。这样的"认证机构"适合由非个人控制的组织或政府机构充当，从而来注册和管理用户的密钥对，现在已经有等级认证制订的官方机构存在。对于那些非常分散的用户，PGP 更赞成使用私人方式的密钥转介，因为这样有机的非官方途径更能反映出人们自然的社会交往，而且人们也能自由地选择信任的人来介绍。

总之，PGP 采用了 RSA 和对称加密的杂合算法，用于数字签名的邮件文摘算法、加密前压缩等，可以用来加密文件，还可以代替 Uuencode (Unix-to-unix encoding)生成 RADIX 64 格式(MIME 的 BASE 64 格式)的编码文件。PGP 创造性地把 RSA 公钥体系的方便和对称加密体系的高速度结合起来，并且在数字签名和密钥认证管理机制上有巧妙的设计。这是目前最难破译的密码体系之一。

用户通过 PGP 的软件加密程序，可以在不安全的通信链路上创建安全的消息和通信。PGP 协议已经成为公钥加密算法和全球范围内消息安全性的事实标准。因为所有人都能看到它的源代码，从而查找出故障和安全性漏局。

10.3　PGP 的应用实例

PGP 加密软件是免费软件，可以在 www. pgp. com 上下载并使用。

10.3.1　PGP 的安装

PGP 的安装很简单，和平时的软件安装一样，只须按提示一步步单击"Next"完成即可。在如图 10-1 所示画面可以选择要安装的可选项，如果选择了"PGPnet Virtual Private Networking"虚拟网，再选择相应的 Plugin，如"PGP Microsoft Outlook Express Plugin"，就可以在 Outlook Express 中直接用 PGP 加密邮件。

图 10-1　PGP 的安装界面

10.3.2 生成密钥

使用 PGP 之前，首先需要生成一对密钥，这一对密钥其实是同时生成的，其中的一个称为公钥，意思是公开的密钥，可以把它分发给朋友们，让他们用这个密钥来加密文件；另一个称为私钥，这个密钥由用户自己保存，当用户收到一个加密邮件时，就是用这个密钥来解开加密文件的。打开“开始”中“PGP”的“PGP keys”，可看到如图 10-2 所示的画面。单击图标或者用菜单“key”→“new key”开始生成密钥。PGP 有一个很好的密钥生成向导，只要跟着它一步一步做下去就可以生成密钥。

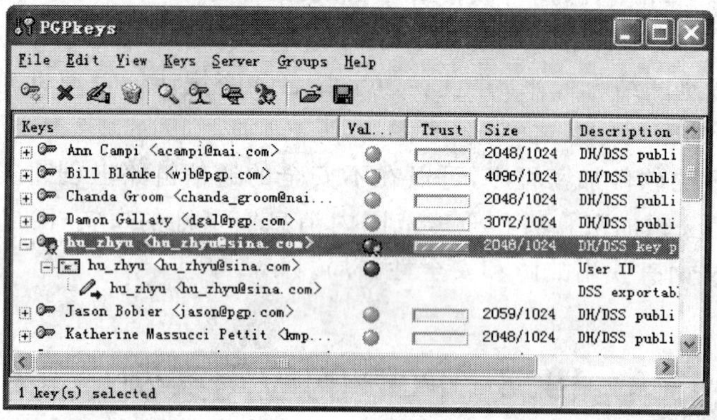

图 10-2 选择生成 PGP 的密钥

第 1 步，PGP 会提示这个向导的目的是生成一对密钥，可以用它来加密文件或对数字文件进行签名，如图 10-3 所示，单击“下一步”。

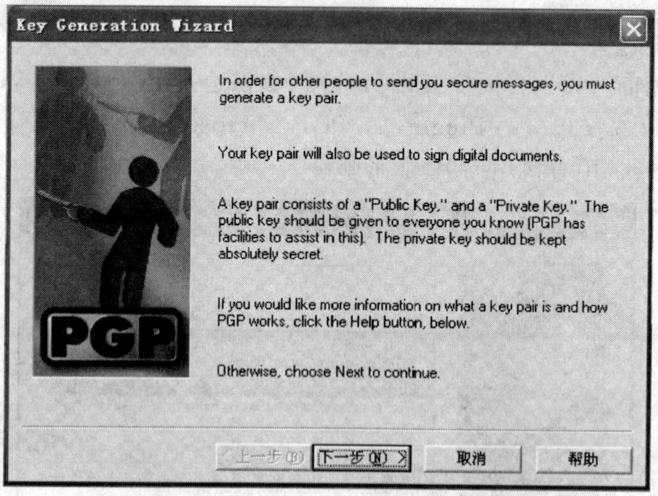

图 10-3 PGP 的密钥生成向导

第 2 步，PGP 会要求输入全名和邮件地址。虽然真实的姓名不是必需的，但是输入一个其他用户看得懂的名字会使他们在加密时很快找到想要的密钥，如图 10-4 所示。

第 3 步，选择一种加密类型。PGP 5.0 以前的版本多用 RSA 加密方式，但 5.0 以后就常常选用较先进的第1种类型了,如图10-5所示。

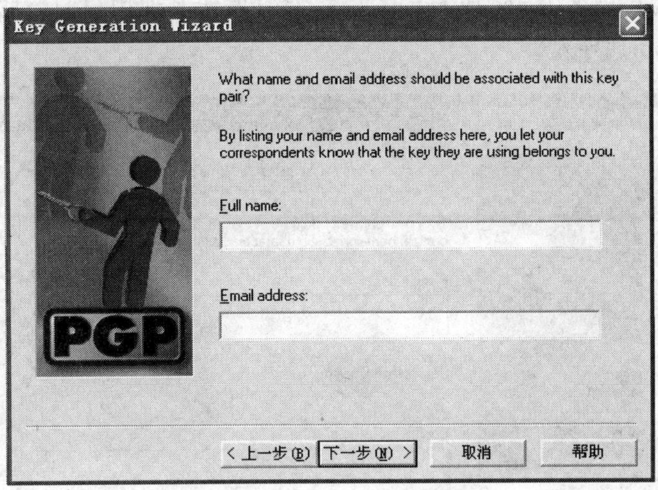

图10-4　输入全名和邮件地址

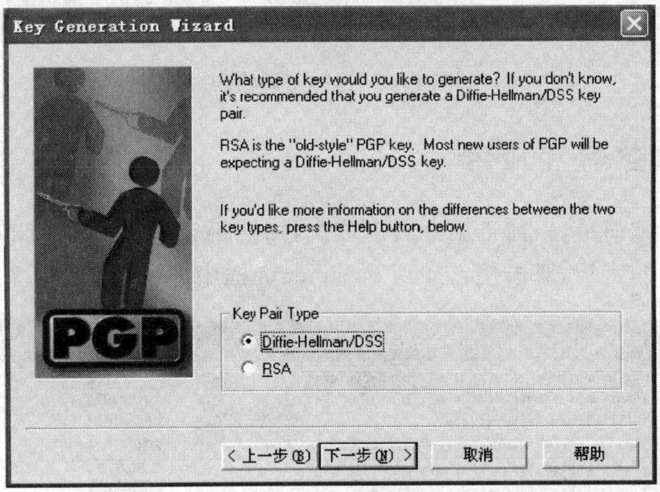

图10-5　为PGP选择一种加密类型

第4步,指定密钥的长度。通常来说位数越大被解密的可能性越小,就越安全,但是在执行解密和加密时会需要更多的时间,一般2 048 bit就够了。

第5步,PGP会询问密钥的过期日期。可以选择从不过期或者指定一个日期作为过期的界限。

第6步,请重复输入密码。建议密码大于8 bit,并且最好包括大小写、空格、数字、标点符号等,为了方便记忆可以用一句话作为密钥,如"Amy is 12 years old."等。最妙的是PGP支持用中文作为密码。边上的"Hide Typing"指示是否显示输入的密码,如图10-6所示。

第7步,接下来PGP会花一点点时间来生成密钥,然后会询问是否想把公共密钥发送到服务器上去。用户一般不会这么做,因此一直"下一步"就可以完成了。

第 8 步，把公用密钥发给其他用户。用快捷键 Ctrl＋E 或者选择菜单“keys”→“Export”将密钥导出为扩展名为 asc 或 txt 的文件，将它发给其他用户们（对方则用 Ctrl＋M 或选择“keys”→“import”导入）。

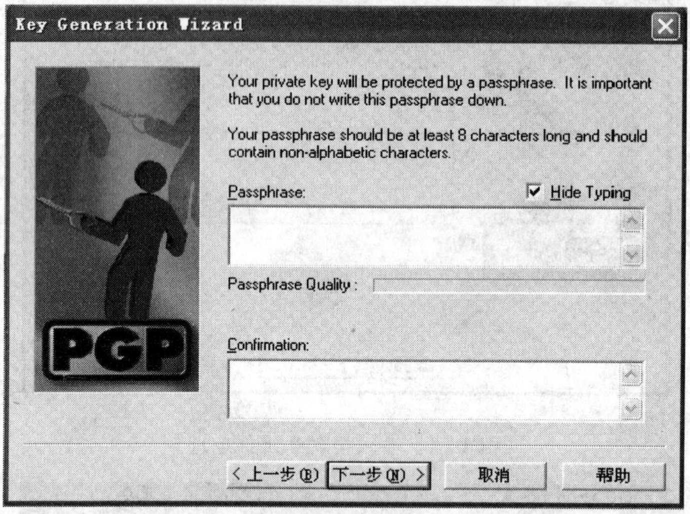

图 10-6　选择密码输入

10.3.3　加密、解密应用

对文件加密非常简单，只需选中并右击该文件，然后选择 PGP 的 Encrypt，会弹出一个对话框选择要使用的密钥，双击使它加到 Recipients 框中即可，如图 10-7 所示。

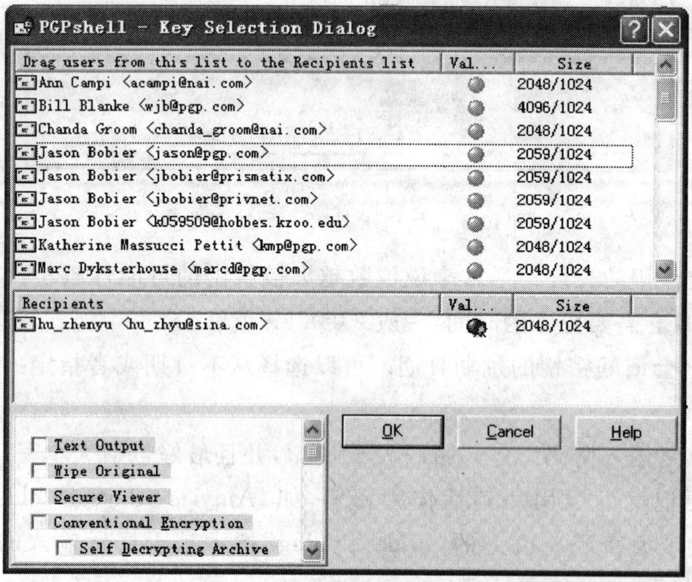

图 10-7　PGP 加密文件界面

如图 10-8 所示，解密时双击扩展名为 pgp 的文件或右击该文件，在弹出的菜单中选择

"PGP"→"Decrypt"，在图中的下框输入密码即可。

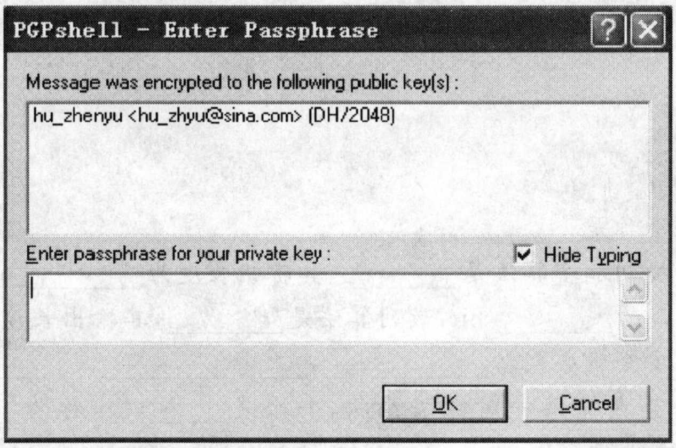

图 10-8　PGP 解密文件界面

如果要在 Outlook Express 或 Outlook 中直接对邮件进行加密，可在写新邮件时单击工具栏中的图标 PGP Encrypt，当邮件写完发送时，PGP 会如上所示弹出对话框请用户选择密钥，同上操作即可。

10.4　本章小结

随着电子商务等活动的迅速发展，人们提出了要在因特网上确认通信双方的身份、数字签名等一系列安全技术要求。PGP 在功能上和性能上都是一款优秀的安全保护软件。PGP 应用程序的一个显著特点是它的速度快，加解密 1 MB 的文件在 486/66 机器上大约只要 10 s。另一个显著特点就是它的可移植性出色，它可以在 DOS、MacOS、OS/2 和 Unix 等操作系统和 Intel 80x86、68000、VAX、SPARC 和 MC68020 等多种硬件体系下运行成功。

PGP 主要有以下一些功能。第一，加密文件。PGP 采用 IDEA 算法加密文件，只有知道加密密钥的人才可以解密文件。第二，密钥生成。PGP 可以生成用户的私钥和公钥，有 512 bit、768 bit 和 1 024 bit 3 种长度供选择。PGP 中利用了 RSA 公钥加密算法，采用 Miller 测试生成大素数，并用靠统计击键的频率来增强随机性。第三，密钥管理。PGP 有生成密钥、删除密钥、查看密钥、抽取密钥、编辑密钥和对密钥签名等多种功能。这样 PGP 就帮助用户建立和维护了一个小型的数据库，其中包含有和用户有联系的人的公钥，这样就可以方便地与他们通信。第四，加密电子邮件。利用 PGP 可以将要发的电子邮件加密，也可以将收到的电子邮件解密。第五，数字签名。PGP 可以用作数字签名，也可以校验别人的签名。第六，证明密钥。PGP 可以给别人的公钥做数字签名。此外，PGP 还支持一些辅助功能，如数据压缩、简单浏览翻阅、输出处理文件等。

10.5 本章练习

一、填空题

1. PGP的英文全称是________。

2. PGP采用的公钥加密算法是________,其密钥长度为________bit;对称加密算法是________,其密钥长度为________bit;散列算法是________,其输出长度为________bit。

3. PGP提供的安全服务包括________,________,________,________和________。

4. PGP在每个节点提供一对数据结构,一个是________,称为________;另一个是________,称为________。

5. PGP的会话密钥是基于ANSI X.917的算法由________生成器产生的。随机数生成器从________上取得随机数种子。

二、选择题

1. PGP的会话密钥是个(　　)。

A. 用户选定的数　　B. 固定的数　　C. 随机数　　D. 用户公钥

2. 如果用PGP对数据进行保密和完整性双重保护,那么它采用的加密和认证处理的次序是(　　)。

A. 先加密后认证　　B. 先认证后加密

C. 认证和加密分别独立进行　　D. 不能既进行加密又进行认证处理

三、简答题

1. 简述PGP认证和加密的过程。

2. PGP使用对称加密算法与公钥加密算法相结合的算法,试列举其优势。

四、实训题

按照本章实例,实际安装并运行PGP软件。

第 11 章　加密文件系统

学习目标

* 了解 Windows 加密文件系统的工作原理。
* 了解 EFS 的适用条件。
* 熟悉 EFS 的使用操作。

11.1　Windows 加密文件系统概述

微软在 Windows 2000 中内建了文件加密功能，该功能由一个被称作“加密文件系统”(Encrypting File System，EFS)来完成。该功能后来被移植到 Windows XP 中。使用该功能，用户只需简单地单击几下鼠标就可以将指定的文件或者文件夹进行加密。而且，在加密后依然可以和没加密前一样方便地访问和使用它们，非常方便。EFS 通过使用公钥加密算法向硬盘上存储数据，由于硬盘上的数据是用加密格式写上去的，即使黑客侵入系统，完全掌握了文件的存取权，或采用别的操作系统启动机器或者把硬盘连接到其他的系统上，硬盘上的文件也会得到有效的保护。

11.2　EFS 的工作原理

在使用 EFS 加密一个文件或文件夹时，EFS 系统生成一个由伪随机数组成的文件加密密钥(FEK)，系统将利用这个密钥和一个叫“扩展数据加密标准(DESX)”的对称加密算法(DESX 是 DES 的一个改进版本，DESX 的原理是利用一个随机的二进制数与加密前的数据以及解密后的数据异或)，创建加密后的文件并把它存储到硬盘上，系统利用用户的公钥加密 FEK，并把它存储在一个加密的文件中。在访问被加密的文件时，系统利用用户的私钥解密 FEK，然后利用 FEK 解密出文件。在首次使用 EFS 时，如果用户还没有公/私钥对，系统会首先生成它们。如果用户登录了一个域，公/私钥对则依赖于一个域控制器(DC)，否则它就依赖于本地机器。

一旦用户发布命令加密文件或试图添加一个文件到一个已加密的文件夹中，EFS 将进行以下几步。

第1步:文件被复制到临时文本文件,当复制过程中发生错误时利用此文件进行恢复。

第2步:文件被一个随机产生的Key加密,这个Key叫做文件加密密钥(FEK),FEK的长度为128 bit(仅限于美国和加拿大),这个文件使用DESX加密算法进行加密。

第3步:数据解密区域(Data Decryption Field,DDF)的产生,这个区域包含了使用RSA加密的FEK和用户的公钥。

第4步:数据恢复区域(Data Recovery Field,DRF)的产生,这个区域的目的是为了使特定用户在解密密钥不可用(丢失Key、离职等)的时候解密被加密的文件。这些用户叫做恢复代理,恢复代理在加密数据恢复策略(EDRP)中定义,它是一个域的安全策略。如果一个域的EDRP没有设置,本地EDRP被使用。在任何一种情况下,当一个加密发生时,EDRP必须存在(因此至少有一个恢复代理被定义)。DRF包含使用RSA加密的FEK和恢复代理的公钥。如果在EDRP列表中有多个恢复代理,FEK必须用每个恢复代理的公钥进行加密,因此,必须为每个恢复代理创建一个DRF。

第5步:将包含加密数据、DDF及所有DRF的加密文件被写入磁盘。

第6步:将在第1步中创建的文本文件被删除。

当需要对数据解密时,按下面的过程进行:

第1步:使用DDF和用户的私钥解密FEK;

第2步:使用FEK解密文件。

如果使用恢复代理恢复文件加密数据,也进行同样的过程,除了在第1步中使用DRF而不是DDF。

11.3 EFS的组成

EFS由EFS服务、EFS驱动、EFS文件系统运行库(FSRTL)和Win32 Crypto API组成。EFS服务作为一个标准系统服务运行,它是Windows 2000安全子系统的一部分。它与CryptoAPI接口产生密钥、DDF和DRF,EFS驱动就像是NTFS的一部分,它呼叫EFS服务请求密钥,DDF和DRF作为需要被创建,一个EFS驱动的组成是EFS FSRTL,它定义了EFS驱动程序能作为NTFS的代表而执行的功能。

11.4 EFS与NTFS对文件保护的关系

EFS可以被认为除NTFS外的第2层防护,为访问一个被加密的文件,用户必须有访问到文件的NTFS权限。在相关NTFS权限的用户能看到文件夹中的文件,但不能打开文件除非有相应的解密密钥。同样,一个用户有相应的密钥但没有相应的NTFS权限也不能访问到文件。所以一个用户要能打开加密的文件,同时需要NTFS权限和解密密钥。

然而,NTFS权限可能被大量的方法穿透,包括口令破解程序、用户在离开前没有退出系统或系统内部的NTFSDOS。在Windows 2000下,当一个文件用EFS加密后,一个未授权的用户，即使访问到磁盘上的文件，但也不能访问文件上的数据，因为没有授权用户的私钥。

11.5　EFS 的优势和局限

1. EFS 的优势

EFS 具有以下的优势。

（1）在硬盘上加密数据的能力对于进出硬盘自身有极大的好处。另外，EFS 的应用产生了其他第三方加密方法。

（2）访问一个加密的文件不需要用户任何的操作，先前的第三方的文件加密工具需要用户每次访问文件时键入口令，它们并没有与文件系统或操作系统进行无缝地集成，使用户感觉受挫而不愿使用文件加密。

（3）EFS 密码组结合了对称加密算法（DESX）和非对称加密算法（RSA）的优点，优于对数据使用非对称加密算法（用这种方法仅 FEK 被加密），数据使用对称加密算法进行加密。

（4）备份进程、备份加密格式的文件，消除了备份操作需要访问数据的需要。

（5）EFS 集成到文件系统中，因此一个恶意的用户不能绕过文件系统访问到硬盘，而且所有运行在内核模式的 EFS 驱动程序不能由用户直接访问。

（6）Windows 2000 的 CryptoAPI 体系允许用户在智能卡上存取他们的私钥，这比将密钥放在硬盘或软盘上更为安全，这也使多个位置访问成为可能。

2. EFS 的局限性

然而 EFS 也具有以下的局限性。

（1）安全性的增加伴随着花费的增加，任何加密进程都将会增加处理量和降低某些方面的性能。

（2）仅仅对存储在磁盘上的文件进行加密，而不是全部的网络上。必须应用其他的加密方法（如 IPSec）进行安全网络传输。

（3）自动病毒监测不能扫描加密文件除非他们访问到用户的密钥。

（4）如果一个文件或硬盘被盗，恶意的用户将有大量的时间，如果有能力破译加密数据的话，数据可能会被解密。

下面是微软 EFS 特定的更多的局限性。

（1）EFS 仅仅工作在 NTFS 卷，目前 EFS 在 FAT 卷上不支持。

（2）如果系统文件被加密，系统将不能用，EFS 仅对数据文件加密。OS 操作需要引导的文件不能被加密，否则在开始时候将不能访问，为保护这些文件，加密被限制在文件属性的设置上，然而，在 2000 年 7 月 25 日，SecuriTeam 报告了一个有关 EFS 的 DoS，如果批处理文件（没有系统属性）被加密后，系统将不能被引导。

（3）定义太多的恢复代理将影响性能，对每一个恢复代理，FEK 发布被加密同时一个 DRF 被创建，这将引起两个问题：一是为存储多个 DRF 需要大量的磁盘空间，二是创建多个 DRF 将花费更多的时间和处理器资源。

（4）EFS 将增加系统管理员的管理，而且管理加密密钥的区域是非常重要的。

(5) 在加密进程的第 1 步中创建的文本备份文件在进程中以未加密的格式存在，恶意用户可能在文件存在时访问到这个文件。

11.6 EFS 的设置

要让一个文件或文件夹使用 EFS，右击该文件或文件夹，选择“属性”对话框中出现的“高级”按钮，单击“加密内容以便保护数据”检查框，系统将把选择的文件或文件夹加密后重新写回到硬盘上，没有正确的密钥也就无法访问它，在加密的文件夹中新创建的文件将自动地以加密的方式写到硬盘上。如果是用户设置的加密公钥，在读取文件时，解密过程是自动进行的，不会有任何的提示。使用 EFS 不但要比设置 NTFS 访问权限简单，而且还比它更有效。

11.7 EFS 的恢复代理

作为网络系统管理员，使用 EFS 带来的一个不便之处是：如是一个用户采用加密方式存储了公司重要的资料后又离开了公司，为了能够恢复数据，EFS 生成了两份 FEK 副本，并把它们都存储到本地机器的硬盘上，第 1 份副本采用用户提供的公钥加密，第 2 份副本采用恢复代理公钥加密，这些措施保证在必要时恢复代理可以访问 FEK 并对文件进行解密。默认情况下，域管理员是域中计算机的恢复代理，本地系统的管理员是单机系统的恢复代理，此外还可以使用组策略来指定另外的恢复代理。

EFS 虽然不能绝对保证数据的安全，但这种新的加密工具的效能要远优于以前的一些工具。

11.8 EFS 操作实例

11.8.1 加密和解密文件与文件夹

Windows 2000 系列和 Windows XP 专业版及 Windows 2003 的用户都可使用内建的文件加密功能，但前提是准备加密的文件与文件夹所在的磁盘必须采用 NTFS 文件系统。同时要注意，由于加密、解密功能在启动时还不能够起作用，因此系统文件或在系统目录中的文件是不能被加密的，如果操作系统安装目录中的文件被加密了，系统就无法启动。另外，NTFS 文件系统还提供一种压缩功能，压缩后用户可以和没压缩前一样方便地访问文件与文件夹，但该功能不能与文件加密功能同时使用，使用 zip、rar 等其他压缩软件压缩的文件不在此限。

加密时，只需右击要加密的文件或者文件夹，然后选择“属性”，在“属性”对话框的“常规”选项卡上单击“高级”按钮，在“高级属性”对话框上选中“加密内容以便保护数据”复选框并确认即可对文件进行加密，如果加密的是文件夹，系统将进一步弹出“确认属性更改”对话框要求用户确认是加密选中的文件夹，还是加密选中的文件夹、子文件夹以及其中的文件。而解密的步骤与加密相反，只需在“高级属性”对话框中清除“加密内容以便保护数据”复选框上的选中标记即可，如图 11-1 所示，而在解密文件夹时将同样弹出“确认属性更改”对话框要求用户确认解密操作应用的范围。

可以选择仅加密文件夹，以便所有以后移至该文件夹的文件或在该文件夹中创建的文件都会被加密。如果用户还想加密此文件夹的所有内容，请单击“将改动应用于这个文件夹、子文件夹和文件”，然后单击“确定”。

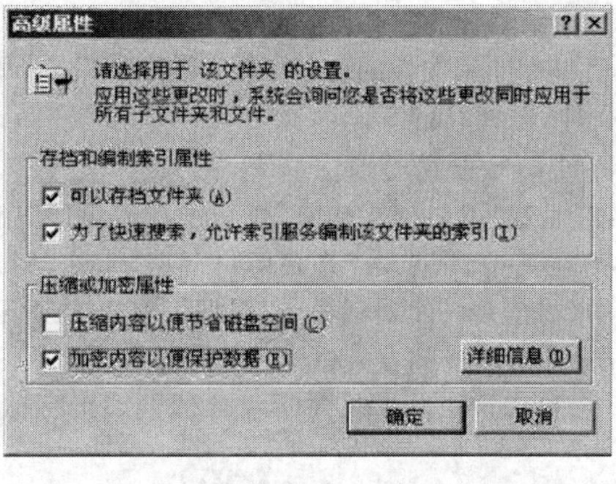

图 11-1　EFS 加密设置

加密后，用户可以像使用普通文件一样直接打开和编辑，又或者执行复制、粘贴等操作，而且用户在加密文件夹内创建的新文件或从其他文件夹复制过来的文件都将自动被加密。Windows XP 中，被加密的文件和文件夹的名称将默认显示为淡绿色，如用户的计算机上被加密的文件和文件夹的名称不是彩色显示，可以单击“我的电脑”→“工具”→“文件夹选项”，然后在“文件夹选项”对话框中单击“查看”选项卡，选中“以彩色显示加密或压缩的 NTFS 文件”复选框即可。

11.8.2　复制和移动加密文件

加密文件与普通文件相同，也可以进行复制、移动以及重命名等操作，但是其操作方式可能会影响加密文件的加密状态。

1. 复制加密文件

(1) 在 Windows 2000 资源管理器中选中待复制的加密文件(如 Windows 2000)。

(2) 右击加密文件，选择“复制”。

(3) 切换到加密文件复制的目标位置，右击该文件，选择“粘贴”，即可完成。

2. 移动加密文件

(1) 在 Windows 2000 资源管理器中选中待复制的加密文件(如 Windows 2000)。

(2) 右击加密文件，选择“剪切”。

(3) 切换到加密文件待移动的目标位置，右击该文件，选择“粘贴”，即可完成。

值得注意的是，对加密文件进行复制或移动时，加密文件有可能被解密，尤其要注意的是,加密文件复制或移动到FAT文件系统中时,文件自动解密,所以建议用户对加密文件进行复制或移动后应重新进行加密。

11.8.3 与其他用户共享加密文件

如有需要,可赋予其他用户对加密文件的完全访问权限。但要明白,Windows所采用的是基于密钥的加密方案,并且是在用户第一次使用该功能时才为用户创建用于加密的密钥,因此被赋予权限的用户也必须曾经使用过系统的加密功能,否则将无法成功赋予对方权限。Windows内建的文件加密功能只允许赋予其他用户访问加密文件的完全权限,而不允许将加密文件夹的权限赋予给其他用户。

要赋予或撤销其他用户对加密文件的访问权限,请按照下列步骤操作。

(1) 右击已加密的文件,选择"属性"。

(2) 单击"高级"以访问EFS设置。

(3) 单击"详细信息",通过"添加"和"删除"按钮添加或删除其他可以访问该文件的用户。如果要添加的用户不在其中,请单击"查找用户"以搜索活动目录(Active Directory)。在显示"选择用户"窗口中,将出现一个对话框,它根据用户的搜索条件显示活动目录中的有效EFS证书。如果没有为该用户找到有效证书,将显示一条消息,通知没有适用于选定用户的证书。在这种情况下,目标用户必须将其证书副本发送过来,以便导入。然后就可以将它们添加到加密文件中。

(4) 选择要添加的用户的证书,然后单击"确定",将返回到"详细信息"选项卡。该选项卡将显示有权访问加密文件的多个用户以及用户的EFS证书。

(5) 重复上述过程,直到添加完所有要添加的用户为止。单击"确定"以保存更改并继续。

值得注意的是,如果进行解密的用户对文件拥有写权限,则可解密文件的任何用户都可以删除其他用户。

另外还要注意的是,此过程仅适用于Windows XP。无法在Windows 2000中为多个用户加密文件。

11.8.4 备份证书和私钥

有许多用户在系统发生故障或重新安装系统以后,无法再访问之前他们加密过的文件与文件夹。Windows内建的加密功能与用户的账户关系非常密切,同时用于解密的用户密钥也存储在系统内,任何导致用户账户改变的操作和故障都有可能带来灾难,要避免这种情况的发生,用户必须未雨绸缪,在使用加密功能后马上备份加密密钥(证书)。

要备份证书,请按照下列步骤操作。

(1) 启动Microsoft Internet Explorer。

(2) 在"工具"菜单上,单击"Internet选项"。

(3) 在"内容"选项卡的"证书"部分,单击"证书"。

(4) 单击"个人"选项卡。需要注意根据是否安装了用于其他目的的证书,可能会出现多个证书。

(5) 每次选择一个证书,直到"证书的预期目的"字段显示"加密文件系统"。这是加密第一个文件夹时生成的证书。

(6) 单击"导出"以启动"证书导出向导",然后单击"下一步"。

(7) 单击"是,导出私钥"以导出私钥,然后单击"下一步"。

(8) 单击"启用加强保护",然后单击"下一步"。

(9) 键入密码(必须用密码保护私钥)。

(10) 指定要保存该密钥的路径。密钥可保存在软盘、硬盘上的其他位置或CD中。如果硬盘出现故障或进行重新格式化,则密钥和备份将丢失(如果将密钥备份到软盘或CD上,则必须将该软盘或CD存放到安全位置)。

(11) 指定目标位置,然后单击"下一步"。

建议用户将导出的证书存储在系统盘以外的其他磁盘上,以避免在使用磁盘镜像之类的软件恢复系统时将备份的证书覆盖掉。备份后,当加密文件的账户出现问题或重新安装了系统后需要访问或解密以前加密的文件时,只需要右击备份的证书,选择"安装PFX",系统将弹出"证书导入向导",只需要键入当初导出证书时输入用于保护备份证书的密码,然后选择让向导"根据证书类型,自动选择证书存储区"即可完成,完成后就可以访问以前的加密文件了。

11.8.5 指定恢复代理

如果同时使用多个账户或者与其他用户共用一台计算机,担心更换账户或者其他账户加密的文件出问题,那么用户可以考虑指定一个文件故障恢复代理,恢复代理可以解密系统内所有通过内建加密功能加密的文件,一般用于网络管理员在网络上处理文件故障,并能使管理员在职员离职后解密职员加密的工作资料。在Windows 2000中,默认Administrator为恢复代理,而在Windows XP上,如果需要恢复代理则必须自行指定。但需要注意,恢复代理只能够解密指定恢复代理后被加密的文件,所以应该在所有人开始使用加密功能前先指定恢复代理。

如果用户所使用的计算机是企业网络中的,那么需要联系管理员查询是否已经制订了故障恢复策略;而如果用户只是在使用一台单独的计算机,那么可以按照下面的步骤指定恢复代理。首先,需要使用准备指定为恢复代理的用户账户登录,申请一份故障恢复证书,该用户必须是管理员或者拥有管理员权限的管理组成员。对于企业网络上的计算机,登录后可以通过上面介绍过的"证书管理器",在"使用任务"的"申请新证书"中向服务器申请。而在个人计算机上,必须单击"开始"→"附件"→"命令提示符",在命令行窗口中键入"cipher/r:filename"(filename导出的证书文件名),命令行窗口将提示输入保护证书的密码并生成用户需要的恢复代理密钥和证书。生成的证书一个是pfx文件(含有证书和密钥),一个是cer文件(只含有证书),先右击pfx文件,选择"安装PFX",通过弹出的"证书导入向导"选择"根据证书类型,自动选择证书存储区"导入证书。

接下来再单击"开始"→"运行",键入"gpedit.msc"打开组策略编辑器,在左边控制台上依次单击"本地计算机策略"→"计算机配置"→"Windows设置"→"安全设置"→"公钥策略"→"加密文件系统",然后在右边窗口中右击选择"添加数据恢复代理",如图11-2所示,然后在弹出的"添加数据恢复代理向导"中浏览并选择刚才生成的证书中的 cer 文件，在键入保护证书的密码后，向导将导入证书，完成指定恢复代理的工作。完成后，在以后需要的时候，只需使用被指定为恢复代理的账户登录，就可以解密系统内所有在指定恢复代理后被加密的文件。

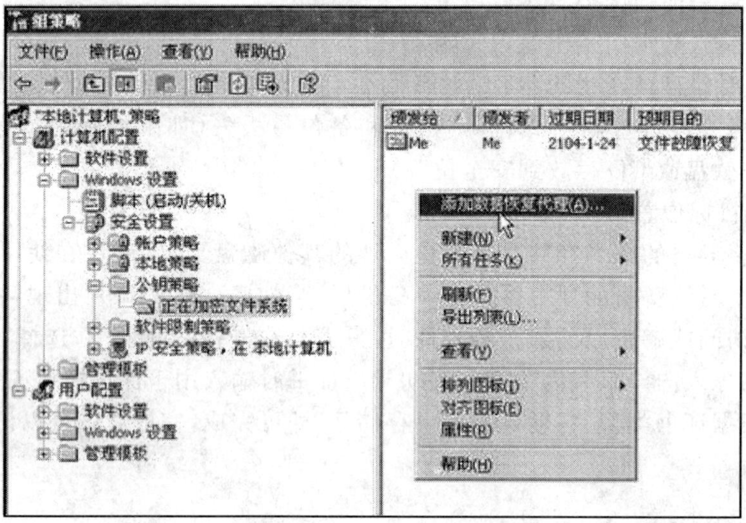

图 11-2　为 EFS 添加数据恢复代理

11.8.6　禁止加密功能

在多用户共用计算机的环境下，由于普通用户账户默认允许使用加密功能，因此在一些多用户共用的计算机上经常会带来一些困扰。如果担心计算机上其他用户乱加密磁盘上的文件，用户可以设置特定的文件夹禁止被加密，也可以完全禁止文件加密功能。

如果一个用户希望将某个文件夹设置为禁止加密，可以编辑一个文本文件，内容包括"[Encryption]"和"Disable=1"两行，然后命名为"Desktop. ini"，将其放到不希望被加密的文件夹中即可。当其他用户试图加密该文件夹时，系统将提示用户该文件夹加密功能被禁止。但需要注意，这种方法只能禁止其他用户加密该文件夹，文件夹中的子文件夹将不受保护。

如有需要，用户也可以完全禁止文件加密功能，在 Windows 2000 中，只需使用 Administrator 登录并运行"secpol. msc"打开策略编辑器，右击左边控制台上的"安全设置"→"公钥策略"→"加密文件系统"，选择"属性"，在属性对话框上清除"允许用户使用文件加密系统(EFS)来加密文件"复选框上的选中标记，然后重新启动计算机即可。而在 Windows XP 上虽然也有相应的选项，但实际上并不能够起作用，用户需要通过编辑注册表来禁止文件加密功能。首先单击"开始"→"运行"，键入"regedit. exe"打开注册表编辑器，依次单击"HKEY_LOCAL_MACHINE"→"SOFTWARE"→"Microsoft"→"WindowsNT"→"CurrentVersion"→"EFS"，再右击并建立一个"DWORD"值，双击新建的值并赋值为"1"，关闭注册表后重新启动计算机。这样，当其他用户试图使用文件加密功能时，系统将提示加密功能已被禁止，如图 11-3 所示。

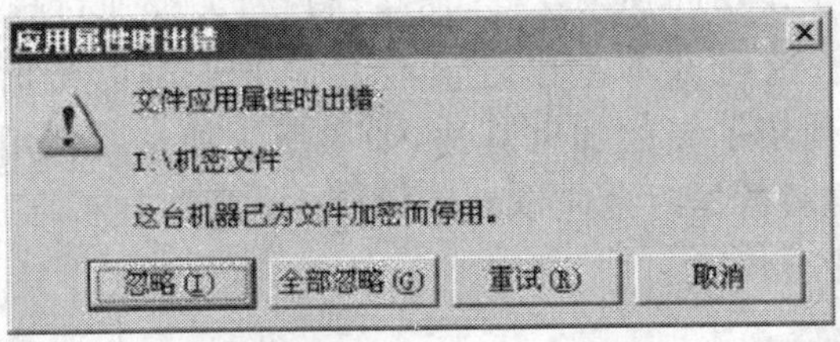

图 11-3　EFS 禁止加密提示

11.8.7　注意事项

1. 小心失误引起的加密失效

由于对文件加密功能缺乏了解，许多用户对该功能是否能够真正发挥作用抱有怀疑态度，而另外一些用户却又因为过分地放心而导致泄密事件频繁发生。首先，对于该功能的加密效果大可放心，不必因为在使用加密文件时不需要输入密码而怀疑加密效果，在加密后能够透明地使用恰恰正是该功能的优点。虽然有一些第三方软件曾经成功地破解使用该功能加密的文件，但这种软件暂时对于 Windows XP 是无效的，而且即使在其他版本的Windows 操作系统上，也是可以避免的。

但用户需要小心由于自己的失误引起加密失效，也需要了解该功能的特点。Windows XP内建的文件加密功能与用户的账户是联系在一起的，换言之，如果用户的 Windows账户没有保护好，密码被其他人获得，那么对方也就可以像合法用户一样登录系统访问加密的文件。另外，当已加密的文件被复制或者移动到非 NTFS 文件系统磁盘上时，文件将被解密。在文件通过网络传输时，也是以明文方式进行传输的。用户对这些都需要清楚，避免错误操作引起泄密。而最主要的是加密后的文件并不是绝对安全的，虽然可以确保不被读取，但却无法避免被删除。

此外，在加密文件的过程中，系统将把原来的文件存储到缓冲区，然后在加密后将原文件删除。这些被删除掉的文件在系统上并不是不可能恢复的，通过磁盘文件恢复工具很有可能被恢复过来而造成泄密，此时用户需要考虑通过其他磁盘安全工具，或者使用系统内建的"cipher"命令对磁盘上的已删除文件进行清除，具体的步骤是，在命令行窗口中键入"cipher/w C:\foldername"即可清除 C 盘 foldername 文件夹中已删除文件残留的碎片，如果不输入文件夹名称则将对整个磁盘进行清理。

2. 故障排解

当用户的 Windows 登录账户变更而无法访问已加密的文件时，由于用户的账户名称或者密码变更时将无法与原来的加密证书联系上，因而用户需要考虑是否在使用其他账户时更改了当前账户的名称或者密码，又或者是管理员进行了这样的操作，如果的确如此，用户可以尝试将自己的账户名称和密码更改成原来的，这样问题应该能够解决。但需要注意，根据微软的说法，改回账户名称与密码的方法在管理员账户上可能无效，而且如果用户的账户并不是改变而是被删除后重建，也就是说是一个全新的账户，那么用户只能够求助于恢复代理或者导入备份的证书。

如果用户已经重新格式化了硬盘、重新安装了系统或者使用尚未加密文件时的系统盘镜像恢复了系统而导致无法访问加密文件，那么用户只能够通过导入自己的证书或者恢复代理的方法来解决问题，这时基本上已经没有其他方法可以帮助用户取回文件。另外，Windows XP SP1 版后使用了新的加密算法，如果用户加密时使用的是 Windows XP SP1 版本，那么当用户尝试挽救数据时也应该使用该版本，或者未来的更新版本，否则在其他版本上乱试，加密文件可能会损毁。

11.9 EFS 使用方法小结

EFS 是一个非常优秀的文件加密系统，使用它可以方便地对用户的文件信息进行保密处理。以下是使用该系统的一些推荐做法。

(1) 指导用户将其证书和私钥导出到可移动媒体中，并且在不使用媒体时妥善保存它。为了尽可能获得最高安全性，在不使用计算机时，一定要从计算机中删除私钥。这可以防止对计算机具有物理访问权限的攻击者试图访问该私钥。在必须访问加密的文件时，可以从可移动媒体轻松导入私钥。

(2) 应加密所有用户的“我的文件夹”User_profile\My Documents。这可以确保该个人文件夹在默认情况下已加密，因为大多数文档都存储在这里。

(3) 指导用户不要加密单个文件，而是加密文件夹。程序以各种方式对文件进行处理。在文件夹级别统一加密文件，可以确保文件不会被意外解密。

(4) 与恢复证书关联的私钥是极其敏感的。这些密钥必须在物理安全的计算机上生成，或者必须将其证书导出到 pfx 文件中，该文件不仅要用强密码保护，而且保存该文件的磁盘一定要存放在物理安全位置。

(5) 恢复代理证书必须分配给不用于任何其他用途的专用恢复代理账户。

(6) 更改恢复代理时不要毁坏恢复证书或私钥(代理会定期更改)。保留所有这些证书或私钥，直到用它们加密的所有文件都得到更新为止。

(7) 根据组织单位(OU)的大小，为每个组织单位指定两个或多个恢复代理账户。指定两台或多台计算机用于恢复，为每个恢复代理账户分别指定一台。为适当的管理员授予使用恢复代理账户的权限。最好拥有两个恢复代理账户，以便为文件恢复提供冗余。在两台计算机上保留这些密钥，可以提供更多冗余以便能够恢复丢失的数据。

(8) 执行恢复代理存档程序，以确保可使用过期恢复密钥恢复加密的文件。必须导出恢复证书和私钥，并以安全的受控方式保存它们。理想情况下，存档就像所有安全数据一样，必须存储在访问受控制的电子仓库中，并且必须有两份存档：一个主存档和一个备份存档。主存档应保存在现场，而备份存档应位于现场之外的安全位置。

(9) 避免在打印服务器体系结构中使用打印假脱机文件，或者确保在加密的文件夹中生成打印假脱机文件。

(10) 每次用户加密和解密文件时，加密文件系统都会占用一些 CPU 开销。请明智地计划服务器使用情况。如果有许多客户端在使用加密文件系统，请平衡服务器的负载。

11.10 本章小结

EFS加密不是发生在应用层，而是位于文件系统层，因此对于用户和应用程序来说，加密和解密过程都是透明的。如果某个文件夹标记为加密，则创建自或者移入到该文件夹的每个文件都将进行加密。应用程序不必理解EFS或者管理EFS加密文件，看起来和未加密文件没有什么不同。如果用户要打开文件且拥有相应的操作密钥，打开该文件不要求用户方进行任何额外的操作。如果用户没有密钥，就会收到"拒绝访问"的出错信息。

文件加密使用对称密钥，该密钥本身使用公钥加密对的公钥进行加密。要想对文件进行解密，必须具备有关的私钥。该密钥对绑定用户标识，只有拥有该用户标识和密码的用户才具备这个密钥对。如果私钥被破坏或者丢失，即使是加密文件的用户也无法对它进行解密。如果具有恢复代理，则可以恢复文件。如果采用了密钥存档，那么密钥可以恢复，且可以解密文件。如果没有密钥存档，文件就可能丢失。EFS是最佳的文件加密系统——不存在"后门"问题。

文件加密密钥可以存档(如导出到软盘中)，并放置在安全位置，确保密钥一旦损坏时能够进行恢复。

EFS密钥依靠用户的密码来保护。任何用户，只要获得该用户的标识和密码，就可以像该用户一样登录进去，且能够对该用户的文件进行解密。因此，每个单位在实施安全的过程中，都必须采取强密码策略，加强用户教育，确保保护EFS加密文件。

EFS加密文件，如果在远程服务器的文件夹中保存或者打开过，则传输时就不再为加密状态。该文件被解密，以明文方式在网络中传送，并且，如果保存到标记为加密的本地驱动器的文件夹中，该文件就在本地进行加密。EFS加密文件，如果使用WebDAV保存到Web文件夹中，则在网络中传送时仍然为加密状态。Windows 2000不具备这种远程存储的方法。

11.11 本章练习

一、填空题

1. EFS的英文全称是________。
2. EFS中的加密方式是________。
3. EFS适用的软件环境是________，________和________。

二、选择题

1. EFS中对文件的加密算法是(　　)。

   A. 公钥加密算法　　　　B. 对称加密算法

   C. 混合加密算法　　　　D. 散列加密算法

2. EFS适用的操作系统是(　　)。

A. Windows 2000　　B. Windows 98

C. Linux　　D. Unix

3. EFS适用的文件系统是(　　)。

A. Fat32　　B. NTFS

C. ext　　D. Fat

三、简答题

1. 当使用EFS的用户要将一个加密文件通过网络传给另一用户时，他是否应先执行解密操作？为什么？

2. 试列举使用EFS的优势和局限。

四、实训题

按照本章的说明实际使用EFS进行文件加密保护。

第 12 章 密码系统的安全测试与评价

学习目标

* 了解密码系统的设计原则。
* 了解密码算法检测的主要方面。
* 了解密码系统的评价要素。

12.1 密码算法的安全性检测

如果一个密码系统要达到实用的水平,它必须遵守两个设计原则,即混乱原则和扩散原则。

混乱是指人们所设计的密码应使得密钥和明文以及密文之间的依赖关系相当复杂以至于这种依赖性对密码分析者来说是无法利用的。它可以隐藏明文、密文和密钥之间的任何关系。好的混乱使这种统计关系变得复杂从而使得强有力的密码分析工具失效。理论上来说,最好的混乱应该是达到密文的完全随机性。

扩散是指人们所设计的密码应使得密钥的每一位数字影响密文的许多位数字以防止对密钥进行逐段的破译,而且明文的每一位也应当影响密文的许多位数字以便隐藏明文数字的统计特征。

在密码学的计算机数据处理中,许多类随机数据都呈现了较好的二项分布 $B(n,1/2)$ 特性,而一个密码算法,人们关心的主要是它对数据的随机化能力和抗攻击能力,因此,目前在分组密码算法的测试中,主要的工具是二项分布的 χ^2 拟合检验。

对于一个实用的密码系统,直接检测其随机性是困难的,实际检测中,都是进行局部的采样测量。对密码系统进行统计测试的目的是,断定算法产生的输出是否在统计上难以与真随机数据区别开来(即混乱性)。一般来说,密码系统的计算机检测,通常关注数据变换的有效性、对明文的敏感性、对密钥的敏感性及密文的线性复杂度。

12.1.1 数据变换有效性测试

数据变换的有效性测试包括两个方面的测试,即随机性测试和明密文独立性测试。

1. 随机性测试

随机性测试是对用户给定的由若干密文分组组成的样本数据文件进行测试，其测试内容主要包括频数测试和跟随性测试。

(1) 频数测试

频数检验测试密文的“0”,“1”平衡性。若输出的密文分组是随机的，则首先应该有较好的“0”,“1”平衡性。设待测分组密码算法的分组长度为 n 比特，待测密文文件含有 F 个密文分组，统计这 F 个分组中汉明重量为 i 的分组个数，记为 F_i，与其期望数 $E_i=C_n^iF/2^n$ 进行拟合 χ^2 检验(其中符号 C_n^i 表示 n 个元素中取出 i 个元素的组合数)，将计算结果与自由度为 n，显著性水平为 5%的 χ^2 阈值相比较，来判断 F_i 是否符合二项分布 $B(n,1/2)$。

(2) 跟随性测试

跟随性检验测试分组中相邻比特的出现情况。

设待测分组密码算法的分组长度为 n 比特，对分组取分组中相邻元素的模 2 加，然后统计模 2 加后的分组中重量为 i 的分组个数，记为 G_i，与其期望数 $E_i=C_{n-1}^iF/2^{n-1}$ 进行拟合 χ^2 检验，将计算结果与自由度为 $n-1$，显著性水平为 5%的 χ^2 阈值相比较，来判断 G_i 是否符合二项分布 $B(n-1,1/2)$。

2. 明密文独立性测试

明密文独立性测试主要是测试密文是否有不依赖于明文统计特性的性质。主要考虑两方面的测试。一方面，如果明文具有某种明显的统计特性，算法具有较好的明密文独立性，则明文与其对应的密文的距离应是随机的；另一方面，如果明文是随机的，则明文与其对应的密文的距离也应是随机的。

设待测分组密码算法的分组长度为 n 比特，明文文件含有 F 个分组，则其对应的密文也含有 F 个分组。设明文分组集为 $P=\{p_0,p_1,p_2,\cdots,p_{F-1}\}$，密文分组集为 $C=\{c_0,c_1,c_2,\cdots,c_{F-1}\}$，记录相应的明密文距离 $D=W(p_i+c_i)$，$0\leqslant i\leqslant F-1$。统计 D 中汉明重量为 i 的分组数，记为 H_i，与其期望数 $E_i=C_n^iF/2^n$ 进行拟合 χ^2 检验，将计算结果与自由度为 n，显著性水平为 5%的 χ^2 阈值相比较，来判断 H_i 是否符合二项分布 $B(n,1/2)$。

12.1.2 算法对明文的扩散性检验

从数据变换的有效性考虑，一个分组密码算法对明文的变化应是敏感的，即明文的雪崩现象。根据分组密码测度中的严格雪崩准则，改变明文分组的任一比特，应导致密文分组中大约一半比特的变化。

设待测分组密码算法的分组长度为 n 比特，设明文分组

$$P=\{p_0,p_1,p_2,\cdots,p_{n-1}\},p_i\in\{0,1\}$$

设密文分组

$$C=\{c_0,c_1,c_2,\cdots,c_{n-1}\},c_i\in\{0,1\}$$

在固定密钥的情况下，每次改变 P 中的某个 p_i，则有

$$P_i=\{p_0,p_1,\cdots,p_{i\oplus 1},\cdots,p_{n-1}\},p_i\in\{0,1\},0\leqslant i\leqslant n-1$$

得到其相应的密文

$$C_i=\{c_{i,0},c_{i,1},c_{i,2},\cdots,c_{i,n-1}\},c_{i,k}\in\{0,1\},0\leqslant k\leqslant n-1,0\leqslant i\leqslant n-1$$

计算 C 与 C_i 间的汉明距离

$$d_i = W(C+C_i), 0 \leqslant i \leqslant n-1$$

根据随机性要求，密文之间的距离分布应当符合二项分布 $B(n,1/2)$。

12.1.3　密钥更换的有效性检验

从密钥更换的有效性考虑，一个分组密码算法对密钥的变化应是敏感的，即密钥的雪崩现象。根据分组密码测度中的严格雪崩准则，改变密钥中任一比特，应导致密文分组中大约一半比特的变化。

设待测分组密码算法的分组长度为 n 比特，密钥的长度为 m 比特，设明文分组

$$P = \{p_0, p_1, p_2, \cdots, p_{n-1}\}, p_i \in \{0,1\}$$

设密文分组

$$C = \{c_0, c_1, c_2, \cdots, c_{n-1}\}, c_i \in \{0,1\}$$

密钥

$$K = \{k_0, k_1, k_2, \cdots, k_{m-1}\}, k_i \in \{0,1\}$$

在固定明文的情况下，每次改变 K 中的某一位 k_i，则有

$$K_i = \{k_0, k_1, \cdots, k_{i\oplus 1}, \cdots, k_{m-1}\}, 0 \leqslant i \leqslant m-1$$

得到其相应的密文

$$C_i = \{c_{i,0}, c_{i,1}, c_{i,2}, \cdots, c_{i,m-1}\}, c_{i,k} \in \{0,1\}, 0 \leqslant k \leqslant m-1, 0 \leqslant i \leqslant m-1$$

计算 C 与 C_i 间的汉明距离

$$d_i = W(C+C_i), 0 \leqslant i \leqslant m-1$$

根据随机性的要求，前后两个密文之间的距离分布应当符合二项分布 $B(n,1/2)$。

12.1.4　线性复杂度检验

以密文的比特流作为输入序列，求出每 n 位的线性复杂度，再根据随机性的要求，对线性复杂度的统计结果检验其是否符合二项分布 $B(n,1/2)$。

12.2　密码系统的评价

对于什么是一个好的密码系统和协议这个问题有多种回答，但主要从以下几点来考虑。

12.2.1　保护程序与应用需求相符合

采用高强度的密码技术来设计密码系统（如多层加密、任意使用数字签名、由一个甚至多个可信赖第三方提供在线服务）可以使人们觉得能实现更强的安全性（也会减轻设计工作），但这种感觉常常只会提供虚假的保证。高强度的安全系统通常会要求更多的安全性假设，并导致系统的设计和实现更加复杂。复杂的系统不仅会增加安全性分析和安全实现的困难（因为更容易出错），而且在运行和维护上需要更高的费用支出。人们也并不希望穿上累赘的“盔甲”来“牛刀杀鸡”。因此，设计密码或安全系统的一项重要和更具挑战性的工作是，仅采用必不可少的技术来实现足够的安全保护。

12.2.2 对安全性的信心要建立在密码体制所依据的困难问题上

如何才能相信一个算法或协议是安全的呢？能否因为还没有人攻破它就说它是安全的呢？令人遗憾的是，答案是否定的。一般地，对于一个未被攻破的算法，只能说还不知道如何攻破它。因为在密码学中，一个被攻破的算法有时意味着能够定量地度量；如果一个未被攻破的算法没有这种度量，那就无法断言一个未被攻破的算法是否比一个已被攻破的算法更安全。

然而，也有一些例外。在大多数情况下，攻破一个密码算法或方案的任务归结为解决某个数学问题，如方程求解或函数求逆。这些数学问题被公认是"困难的"或"不可解的"。今天，要建立对密码算法安全性的高可信度，其标准技术就是给一个形式化的证明，展示对算法的一种攻击，就可以用来解决某个数学上的困难问题。证明本身就是一个或一系列高效的数学变换，从对算法的一种攻击变为困难问题的一种解法。这种高效变换称为归约，即把对算法的攻击"归约"为解困难问题。由于人们深信归约成的困难问题是无法解的（特别是在以攻击和归约变换来度量的时间代价上），由此将能推出一种可度量的信任度，从而能断言：所谓的攻击是不存在的。这种安全性证明方法因而以称之为"矛盾归约"。

12.2.3 实际效率

当人们说一个数学问题是高效的或高效可解的，是指该问题能在多项式时间内可解。粗略地说，可以将所有的问题分成容易处理和难处理两大类。显然，一个密码算法一方面应该设计成容易处理的，以便能被合法用户使用；另一方面还应该是困难的，以便对非法用户和攻击者构成一个困难问题。

另外，也应该注意到，对一个合法用户来说，如果一个问题的计算时间是一个很大的多项式，那么其"效率"一般认为也是不可行的，无任何实用价值。因此，一个密码算法是"好"的一个重要准则是，对合法用户来说，它应该是实用高效的。特别地，衡量用户资源代价的多项式次数应该很小。

一个密码协议不仅是一个算法，也是一个通信过程，该过程包含不同协议参与者在一组约定规则下通过计算机网络进行的消息传递。因此，在效率度量方面还应该考虑通信的次数，通常称为通信的轮数。一般地，通信的一步要比本地的一步计算（典型的一组计算机指令集的执行，如两个数乘法）的代价要大。因此，人们希望尽量减少密码协议的轮数。评价一个算法是否高效的效性准则是，其运行时间以问题规模的低次多项式为界。如果把这个有效性准则用到协议上，那么一个高效协议的通信轮数就应该以次数很低的多项式为界。即常数（0 次）或至多是线性（1 次）。一个协议的通信轮数超过线性次，它就不会被认为是实际有效的，也就是说，该协议在实际中毫无用途。

12.2.4 采用实际可用的原型和服务

在密码学和密码协议的应用性研究中，一项具有挑战性的工作就是从实用和可得到的密码原型建立高质量的安全服务。利用已有的通用技术和原型来设计、协议和安全系统，能够降低具体实现的工作量，可利用现在的成熟代码来实现预定的目标。此外，已有的通用技术和原型能吸引广泛的兴趣来对其进行详细的审查，其安全性更能得到保障。

12.2.5 明确性

一个安全系统要通过和环境的交互来运行，因而必须对系统运行的环境所应满足的前提条件有明确的规定。其次，密码算法、协议提供特定的安全服务，一个好的安全系统的设计者必须对系统所提供的服务进行明确的说明。最后，一个密码体制的安全性都是建立在某个数学难题之上的，但密码算法赖以工作的数学结构或数学难题也包含一些特殊情况，也会产生一些例外的容易问题。算法或协议的设计者必须警觉数学方面的这些特殊情况，并应该对实现者明确地说明其过程，以免出现意外的安全漏洞。

12.2.6 开放性

开放性意味着密码体制、协议和安全系统的算法应该是公开的。其安全性应该仅依赖于用户密钥。

12.3 本章小结

一个实用的密码系统遵守两个设计原则，即混乱原则和扩散原则。

对于一个实用的密码系统的实际检测中，都是进行局部的采样测量，然后进行统计分析，以断定算法产生的输出是否在统计上难以与真随机数据区别开来（即混乱性）。密码系统的检测通常关注数据变换的有效性、对明文的敏感性、对密钥的敏感性及密文的线性复杂度。

对于一个好的密码系统和协议评价主要考虑的因素有：保护程序与应用相符合，安全保证建立在数学难题上，系统的运行效率，是否采用可用的原型和服务以及明确性和开放性等。

12.4 本章练习

一、填空题

1. 实用密码系统的两个设计原则是________和________。
2. 密码系统测试主要检测的内容有________，________，________和________。
3. 密码系统评价的指标主要包括________，________，________，________，________和________。

二、简答题

1. 解释实用密码系统设计的两个原则。
2. 未被攻破的密码算法比已被攻破的密码算法更安全吗？为什么？
3. 复杂的系统更容易出错，试说明其更容易出错的原因。

参 考 文 献

［1］ 曹莉，刘志镜，椭圆曲线密码体制与电子政务. 计算机安全. 2005-02. http://blog.csdn.net/iiprogram/archive/2006/04/20/670207.aspx.

［2］ IEEE P1363. Standard for Public key cryptography. working draft，1998-08.

［3］ Schoof R. Elliptic Curve over finite fields and computation of square Roots mod p. mathm. of computation，1985.

［4］ 彭建芬. 计算椭圆曲线中的 KP 算法. 通信技术，2002：58～59.

［5］ 戴宗坤，罗万伯. 信息系统安全. 北京：电子工业出版社，2002.

［6］ 李海泉，李健. 计算机网络安全与加密技术. 北京：科学出版社，2001.

［7］ Eric Rescorla 著. SSL 与 TLS—Designing and Building Secure Systems. 崔凯，译. 北京：中国电力出版社，2002.

［8］ Viega J，Messier M. Chandra P. Network Security with Openss1. Publisher：O'Reilly& Associates. 2002.

［9］ 肖文. 实例操作——在 Win2000 建基于 IPSec 的 VPN. http://www.pconline.com.cn/servers/skills/0512/737042.html.

［10］ Carlton R. Davis. IPSec：Securing VPNs. McGraw-Hill Professional，2001-04-06.

［11］ ZMWorm. 椭圆曲线 ECC 加密算法入门介绍. http://www.yuanma.org/data/2006/0614/article_829.htm.

［12］ 王东临. 什么是电子印章——谈电子印章的定义与规范. http://www.chinaocr.net/misc.php?xname＝TVKUIV0&dname＝2CH5Q01&xpos＝3&op＝print.

［13］ cdmatong. SSL-VPN 技术原理及其应用. http://www.zrmc.com/Netcollege/Vpn/200611/534.html.

［14］ forlinux. Windows 2000 Server 架设 SSH 服务器. http://blog.csdn.net/forlinux/archive/2006/06/06/775505.aspx.

［15］ T. Ylonen. SSH Protocol Architecture. Internet-Draft，2003-10. http://www.javvin.com/protocol/sshdraft15.pdf.

［16］ T. Ylonen. SSH Transport Layer Protocol. Internet-Draft，2003-10. http://www.javvin.com/protocol/sshtransport17.pdf.

［17］ T. Ylonen. SSH User Authentication Protocol. Internet-Draft，2002-09. http://www.javvin.com/protocol/sshauth18.pdf.

［18］ T. Ylonen. SSH Connection Protocol. Internet-Draft，2003-10. http://www.javvin.com/protocol/sshconnect18.pdf.

［19］ Loking. PGP 简介. http://fanqiang.chinaunix.net/safe/encrpt/2001-06-25/2519.shtml.

［20］ 宋成勇，胡勇，陈淑敏，李均锐. PGP 工作原理及其安全体制. 电子技术应用，

2004-10. http://www.avrw.com/article/art_112_3197.htm.

[21] 谷和启.公钥基础设施 PKI 技术与应用发展. http://industry.ccidnet.com/art/1101/20031110/70591_1.html.

[22] David B. Cross, Ayman AlRashed. Windows Server 2003 PKI 操作指南. http://www.microsoft.com/china/technet/prodtechnol/windowsserver2003/technologies/security/ERAA#ERAA.

[23] Lvvl. WindowsXP 中的文件加密功能及其使用. http://tech.ccidnet.com/art/321/20070205/1017727_1.html.

[24] 刘志超.基于 AES 标准的对称密码算法的评测 [D]. 中国科学院软件所,2000.

[25] Wenbo Mao. Modern Cryptography: Theory and Practice. Pearson Education, Inc,2004.

[26] 蒋建春,杨凡,文伟平,郑生琳. 计算机网络信息安全理论与实践教程.西安:西安电子科技大学出版社. 2001.